爱犬训练

[美] 米丽娅姆·菲尔茨–巴比诺　著

刘天龙　译

科学普及出版社

·北京·

图书在版编目（CIP）数据

爱犬训练 ABC/(美) 菲尔茨–巴比诺著; 刘天龙译. —北京: 科学普及出版社, 2009

ISBN 978-7-110-06766-6

Ⅰ.爱... Ⅱ.①菲... ②刘... Ⅲ.犬—驯养 Ⅳ.S829.2

中国版本图书馆 CIP 数据核字（2008）第 139369 号

著作权合同登记号: 图字: 01-2008-5544 号

Copyright © 2005 BowTie Press.

Copyright of Chinese Simplified Translation © 2007 by Portico Inc. together with the following acknowledgment.

本书中文简体字专有使用权归科学普及出版社所有

策划编辑　肖　　叶
责任编辑　杨 朝 旭
封面设计　回廊设计
责任校对　张 林 娜
责任印制　安 利 平
法律顾问　宋 润 君

科学普及出版社出版

北京市海淀区中关村南大街 16 号　　邮政编码: 100081

电话: 010-62103210　　传真: 010-62183872

http://www.kjpbooks.com.cn

科学普及出版社发行部发行

北京金盾印刷厂印刷

*

开本: 720 毫米×1000 毫米　　1/16　　印张: 8　　字数: 140 千字

2009 年 1 月第 1 版　　2009 年 1 月第 1 次印刷

ISBN 978-7-110-06766-6/S·447

印数: 1-8000 册　　定价: 39.90 元

（凡购买本社的图书, 如有缺页、倒页、脱页者, 本社发行部负责调换）

作者简介

　　米丽娅姆·菲尔茨–巴比诺，从 1978 年就开始从事专业训犬和其他动物的工作。她从事并经营动物训练及动物艺员无限责任公司长达 25 年。她教导人们如何与不同年龄和品种的犬，特别是需要解决行为问题的犬进行交流。

　　菲尔茨–巴比诺著有多部和动物有关的著作，包括《用笼头训练犬》（巴伦教育丛书公司）、电子版《如何成为一名专业训犬师》（intellectua.com）、《基本训犬法》（斯特林出版有限公司）等。她还为商业杂志写了大量文章，如极富盛名的《off–lead 杂志》和《骑师实践手册》。她也制作了一些视频，如解说如何为刚出生的幼犬做准备工作的《初次见面》，以及演示怎样利用她创立的笼头方法训犬、做一个轻松训犬师的《轻松训犬师训犬法》。

菲尔茨–巴比诺还为电视、电影及广告拍摄提供了大量宠物。她曾与国家地理、动物王国、历史频道、华纳兄弟娱乐公司、奥利安经典电影公司、探索频道、CBS、家庭频道以及其他机构合作。在不需要训练其他宠物时，她会在全国旅游，进行赛犬和赛马表演，同时也会展示她训猫的技巧。

作者米丽娅姆·菲尔茨–巴比诺与金毛猎犬幼崽在一起。

目录
Contents

爱犬训练ABC

The ABCs of Positive Training

学习如何正确训练爱犬，让它无论在何时何地都听从你的命令。

条件反射

正确训练爱犬的方法建立在 20 世纪初心理学家爱德华·桑代克（Edward Thorndike）的研究基础之上。他主要研究猫和犬解决问题的能力，而且对模仿和观察的学习行为以及不断重复成功后的快速反应特别感兴趣。动物是否是通过多次重复和偶然的成功来进行学习的呢？或者它们根据观察其他动物的行为来进行学习呢？爱德华·桑代克得出的结论是心理学"法则"，即效用法则：刺激后尽快给予奖励，能促使行为发生；反之，也可以显著减少不良行为的发生。

1914 年，约翰·布罗德赫斯·沃斯顿(John Broadhus Waston) 认为桑代克的效用法则是错误的，他认为动物只会根据本能进行反应，从而对刺激产生反射，而不是其他原因或是解决问题的行为。他用小鼠进行了迷宫实验，并利用条件使它们学会不同的获得食物的路线。沃斯顿认为强化行为和奖励更容易引起特定的行为，但并不能完全遵从学习曲线规律。他从本质上否定了保留记忆直到通过重复刺激强化联系的学说。

对主人而言，行为良好和训练有素的爱犬是带来无限快乐的良好伴侣。

20世纪20年代，爱德华·托尔曼（Edward Tolman）对沃斯顿的理论产生了异议。他认为无论环境发生怎样的变化，小鼠仍可以利用记忆分辨和学习，但奖品的质量降低会削弱这种学习行为。1942年，另外一位行为学家克雷斯皮（Crespi）开始了更深入的研究，他认为逐渐减少奖励可以慢慢地引起行为反应，而逐渐增加的奖励可以促进反应的形成。

1938年，当伯勒斯·弗雷德里克·斯金纳（Burrhus Frederic Skinner）出版《动物行为》一书时，收录了以上所有这些行为学研究的成果。他根据先前的所有研究提出动物通过后天学习对反应产生印象。在斯金纳进行的斯金纳盒实验中，效用法则再次得到重视，这种仪器可以协助心理学家研究经过一段时间的学习行为后的成果。斯金纳因此提出了操作性条件反射的基本概念——操作反应（学习反应）和强化（奖励）。刺激是联系行为与奖励之间的信号。

为了充分理解操作性条件反射，应该先了解斯金纳盒的工作原理。一个完全密闭的盒子，一端有一个杠杆或按钮，还有一个装食物的漏斗和支撑架。研究对象为鸽子、啮齿类和灵长类动物。将动物放入盒内，使其可以在里面自由活动。研究者通过窗口观察内部情况，并可使用指针来发放奖励的食物。

当放下食物时，大多数动物会直接走向漏斗并吃掉食物。即使不是这样，动物在做完自身清洁或到处走动后，还是会找到食物并吃掉它。它们会很快知道食物的来源，而且会待在附近等待更多的食物。当动物这样做时，训练者可以给予更多的食物。每次成功的奖励都会让动物更靠近漏斗。接着需要动物做出特定的动作来获得奖励，如触摸杠杆或按钮。训练者应在每次成功的行为反应之后给予食物奖励，以让动物更靠近目标（杠杆或按钮）。

当动物对触摸目标获得奖励形成条件反射时，会相应增加对目标的反应，会直接走到目标处，触摸、按压并获得奖励。这个过程称为塑形。训练者通过逐步强化正确的反应形成动物的行为。

总的来说，斯金纳认为积极的强化行为应予以重现，而且为了行为塑造，这类信息的数量应比较少。他还

这些爱犬聚精会神地注视着训练者，说明它们已经对坐着等待奖品（食物）形成了反射。

在积极的训练方法中，寻找目标是第一步。

认为强化方法可以衍生到类似的刺激并产生次级条件反射，这意味着学习曲线在每次成功的学习行为中可以得到提高。

现在你大体了解了操作性条件反射的基本知识，下面让我们了解一下这些知识是如何在爱犬训练中发挥作用的。

强化训练与惩罚

凯勒（Keller）和马里安·布里兰（Marian Breland）是第一个在实验室之外应用操作性条件反射的人。他们在20世纪40年代从师于B.F.斯金纳。在这期间，他们研究了犬的操作性条件反射。20世纪50年代，凯勒和布里兰最先训练海洋哺乳动物，之后不久，海洋世界和海底世界之类的海洋公园诞生了。这时使用操作性条件反射是为了让观众在公园里就可以欣赏到海豚和鲸鱼的表演。

驯兽师将操作性条件反射引入了更高的水平，将其与经典条件反射一齐使用。让我们回顾一下巴甫洛夫的实验：作为食物信号的铃铛响了，从而引起实验犬流涎，实验犬已经知道了铃声代表食物奖励。食物的发放应先于某连接信号，如光、蜂鸣器或响片声。犬类知道正确的反应可以产生刺激信号，而信号意味着食物。这有助于训练者快速塑造某些复杂的行为动作。这里推荐一些强化方式：

- 爱犬外出排尿后奖励它一块饼干。
- 你为完成一件工作而获得报酬。
- 孩子取得优异成绩后就带他去游乐园。
- 爱犬朝人跳起时，人们会轻轻拍抚它。

海洋动物训练员使用哨声作为正确行为的刺激信号。

海洋动物对视觉信号能作出良好的反应。

- 当你出色地完成某项工作时获得表扬。

这些例子全是初级强化。初级强化是接受者不需要学习就会喜欢的奖励。当然还有次级强化。次级强化指那些接受者必须经过后天学习才会喜欢的事物。例如:

- 当爱犬停止拖拉时,适当放松牵引带。

- 当房间收拾得干干净净时,孩子不会继续大喊大叫。

- 当牛前进时,就不会受到鞭打。

其实在我们的日常生活和训练动物的过程中,初级强化和次级强化都会得到应用。

你应当熟练掌握"强化时间表"。这里列出了一些强化时间表的类型:

- 固定间隔:经过一段固定的时间后给予奖励,例如,每隔 2 分钟或每隔 10 分钟。

- 不定间隔:当动物不在控制条件下时给予奖励。

- 固定频率:在完成一定数量的正确反应动作后给予奖励。

当爱犬跳起时，最好不要让它将爪子放在你身上，因为它会将其作为一种奖励。

- 不定频率：在特定的一系列刺激下出现大量的正确反应动作时给予奖励。
- 随机间隔：在正确完成动作数量和奖励之间没有任何联系。

另外你应熟悉和掌握的是"消

退"。这是指已形成的条件反射在失去强化后，会逐渐退化和消失。这是不使用惩罚手段而去除某些行为的好方法，它本身就可以鼓励某些行为，如果它只是为了引起人们的注意。比如，冲着狂吠的爱犬大叫只会鼓励它这样做，因为它认为主人加入了这个"游戏"，另外的例子还有：推开跳起的爱犬，爱犬被抚摸，这种行为会得到强化。为了消除这类行为（吠叫和跳起），就应该忽视这些行为。即使很难忽视这种行为，但爱犬会逐渐明白这类动作不会为它带来任何快乐而最终不再有这类行为。

斯金纳提出了4种用来纠正行为的方法：积极强化、消极强化、积极惩罚和消极惩罚。强化是指使用或取消某类刺激以提高某种行为的发生率。惩罚是指使用或取消某类刺激以减少某类行为的发生。

你对某种行为的反应可以告诉爱犬它是否应该继续这种行为。比如当爱犬在垃圾堆里刨东西时，对它而言，它将找到东西吃看做是一种奖赏，所以，当它一有机会就会重复这种行为。但是，你可以通过一些手段阻止它的这种行为，你可以移走垃圾桶，将垃

当爱犬不拖拉牵引带时，放松牵引带是一种次级强化。

圾桶放在犬够不到的地方，或者利用一些犬不喜欢的东西对这类行为进行惩罚，例如使用"驱赶垫"。驱赶垫可以产生电刺激，当爱犬踩上它时，会刺痛脚趾，所以，它会很快学会远离驱赶垫和垃圾桶。

将垃圾桶移开是一种消极惩罚方法。这是通过将动物的奖品拿走以减少行为的发生。驱赶垫是一种积极惩罚。在行为过程中加入令其不悦的因素可以产生足够的痛苦，从而阻止爱犬继续这种行为。

还有其他方法可用于应对刨挖垃圾的爱犬，积极强化和消极强化都可以做到这一点。如果你可以将爱犬的注意力从垃圾桶上引开，让它坐下并给予它奖赏，那么你可以尝试使用积极强化的方法。假如你有牵引带并在它走向垃圾桶时及时拉住它，那么这就是消极强化的办法。消极强化有两种类型：避免和逃避。避免是指当爱犬进入房间时，因为有被拉住的威胁，所以会远远避开垃圾桶，而逃避的情形是指在它看到垃圾桶时，会从房间里跑出去。

你认为哪种方法能最有效地避免爱犬靠近垃圾桶呢？实际上，这些方法是可以同时使用的。只使用其中一

阻止犬刨挖垃圾桶的正面强化方法是分散它的注意力，让它坐下并给予奖励或响片刺激。

种方法会让爱犬产生错觉或变得非常惧怕你。应主要根据犬的性格、引发爱犬这类行为的刺激和对爱犬的最终要求来选择合适的条件反射训练。

在使用操作性条件反射训练爱犬时须要考虑以下几件事情。首先，你必须确保你会奖励希望它做的动作。例如，当爱犬因为恐惧而冲着某人咆哮时，如果你将其抱起来，用平和的语气同它交谈，这种积极强化会强化犬的这种行为，以后它还会这样做。

相反，消极强化可能效果更好。使用这种方法，爱犬的咆哮不会引起人们的注意，反而还因此被禁止和你待在一起。积极惩罚可能会更有效。当它咆哮、吠叫时，你可以用水喷它。爱犬就会知道它的咆哮只会招致脸上被水喷而不会得到诸如被抱起来和被轻语安慰的奖励，这样就可以消除这类行为了。

当使用积极强化时，你还必须注意使用时机。如果你在不当的时间奖

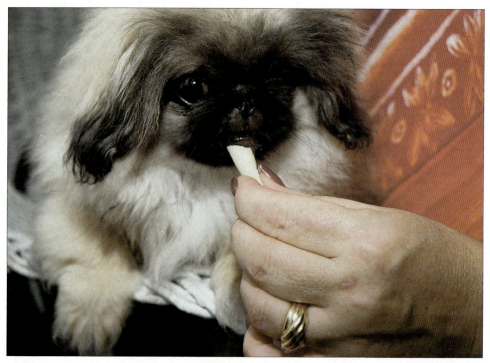

虽然也有对食物不感兴趣的爱犬，但很少见。多数爱犬喜欢食物而且会为了得到食物而做出某些行为。

圆圈游戏是让所有家庭成员都参与训练的好方法，在这个游戏中，爱犬从一个人那里走到另一个人那里，并完成人们下达的命令。

励了爱犬，你只会强化它的错误行为。例如，你命令爱犬坐下，它坐下了，然后又站了起来。你还没有教会它坐下之后等待，所以你不应该为它完成了坐下的命令而奖励它。它会对如何才能得到奖赏产生困惑。如果你掌握的时机很好，它应该被提示（在它坐下时给予信号）并在它还没有起身时给予奖励。

这样会将坐下的动作与奖赏联系起来，从而重复这种行为。否则，它会将站起来的动作与奖赏联系起来，这样它不会学会坐下。刺激信号和奖赏应该在爱犬完成你的命令后马上给予。

另外须要考虑的因素是奖赏的价值。刺激对不同的爱犬而言有着不同的价值意义。有些爱犬喜欢触摸和口头表扬，而另外一些爱犬喜欢一块热狗或冻肝。你须要在开始训练前先了解爱犬喜欢什么。如果爱犬喜欢很多东西，你可以根据它的表现好坏给予它不同的奖赏。比如你训练爱犬在你脚边坐下。当它坐在你的一侧而不是脚边时，给予它口头表扬但不要给予

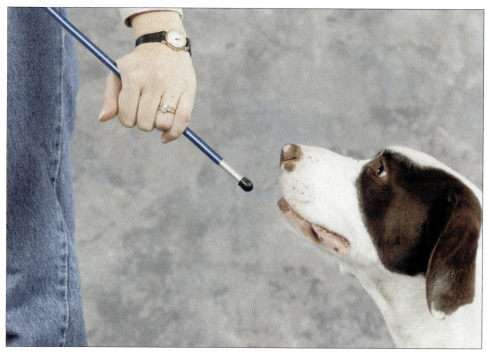

用一根指挥棒协助目标训练。

满怀期待的乞求动作似乎在说："我现在是否能得到奖品?"

物质奖励。当它更靠近你坐下并脸朝前时,给它一块饼干,这样它就意识到越靠近你坐下就有机会得到更好的奖品,它就会向正确的位置更接近一些,当它完成动作时,给它一块冻肝或热狗。不需要你强迫,爱犬就会自动完成动作。

这类似于你因投入比平常更多的时间进行工作而获得更大进步与进行常规工作而获得常规进步的比较。

这种训练方法的问题是,爱犬只会将奖励与训练者联系起来,它只会

幼犬集中精力的时间比较短，而且容易分散注意力。你应该用具有高度吸引力的奖品使幼犬将注意力放在训练上，即使这样，你每次训练的时间也只能持续几分钟。

听命于一个人。为了让爱犬对所有家庭成员都能作出良好的反应，每个人都须要参与，和爱犬一起训练。这样，它才能学会听从所有人的命令，因为每个家庭成员都可以发放奖品。但是，当训练某些新的复杂动作时，还是由一个人进行训练比较好，这样可以减少干扰。当它学会了这个动作时，其他人可以再加入进来。

如果你的奖品是食物，它可能会吃得很饱。当它吃饱后，不会再对刺激作出反应动作。为了避免这种情况，可以将食物切成小块，或者用它的日常食物进行训练。这样你可以维持它在野外生活时"为了生存而拼搏"的进食习惯和体重。这也与它的本能非常相近，它会在训练过程中得到满足。

有些爱犬对同一种食物的奖品会感到厌倦，所以更换奖品类型非常值得考虑。如果使用冻肝，可以准备不同口味的冻肝。如果使用热狗，可以更换热狗品牌或偶尔用熏肉肠替代几次。玉米花和小块比萨常作为奖品使用。无论用哪种食品作为奖赏，都须

对寻回犬而言，捕捉游戏就是一个很好的奖励。

要适量发放并确保对动物的消化系统没有损伤。肠道炎症能引起已经学会的行为消退，因为爱犬会认为它越这样做越感觉不适。

在训练结束时给爱犬一个用来咀嚼的玩具，是一种积极训练的方法。

在训练爱犬时，为了对其进行控制，在训练新的动作时只能进行积极强化，否则爱犬会经常拒绝命令直到获得奖励为止。

首先进行一些以前学过的动作，当它发现完成这些动作无法得到奖赏时，这些动作对它而言就不是很有意义，它会将注意力集中到其他动作上。

在爱犬每天的日常生活中，有很多机会进行"次级消极惩罚"。我们喜欢无意地进行这些惩罚而且须要努力避免这些刺激，也要避免这些消极惩罚变成积极惩罚。次级消极惩罚的例子是唤回你的爱犬并将它从喜欢的东西旁边带走，如离开一群正在嬉戏的狗，或者结束有趣的捕捉游戏。当实在无法避免这些情况时，你应当识别这些刺激并将其转变成积极的。所以，下次当你在院里唤回正在刨挖的爱犬时，给一些令其愉快的刺激，如喂食或进行一些会有食物奖励的游戏，甚至抚摸它的腹部也很有用处。

如果不能正确使用积极惩罚，那么单独使用积极惩罚可能会引起滥用。积极惩罚与次级积极惩罚同时使用会更加人性化，并可以教会爱犬在听到

刨掘是自我奖励的行为之一

命令时纠正它的行为，例如在惩罚的同时说出单词"不"。比如，在用水喷爱犬的脸时说"不"。爱犬就会明白"不"代表惩罚，当它只要听到"不"时，就会减少它的错误行为。这种纠正惩罚的方法非常人性化，虽然有些培训学校尽量不使用惩罚措施，但这些学校可能无法消除犬的某些不良行为。

有些爱犬知道，当它们做出某种特定的行为而没有得到奖赏时，这种行为本身就会成为一种奖励。刨掘就是一种自我奖励的行为，好像从垃圾桶获得食物一样。吠叫是释放能量的一种很有趣的方法。咀嚼是释放焦虑的好方法。

惩罚也可以与特定的人联系在一起。为了使惩罚能够生效，必须由所有家庭成员进行训练。如果爱犬喜欢在附近没人时做些事情，它应该被控制在没有监视时不能任意活动的地方。无论何时采取这种方法，它都会形成在这种情况下不进行某些行为的反射。比如，有些爱犬喜欢趴到家具上。无

论是谁、无论何时发现它爬到家具上，都应通过积极惩罚来纠正爱犬的错误行为。比如用水喷它的脸或猛拉牵引带，同时加以次级惩罚，如单词"不"或"下来"等。最终它就会学会避开家具或在听到次级惩罚词汇时乖乖地下来。但是，当没有人在附近对它进行惩罚时，它就会爬到家具上。为了纠正它的这种行为，在附近没有人的时候不允许它靠近家具。爱犬最终会改掉这种坏习惯。

对动物行为而言，还有另外一个问题就是没有反应。没有奖励暗示，没有"好狗"，没有次级积极惩罚"不"，没有纠正。这被称为"继续信号"，也被称为"无奖励暗示"。对爱犬而言，为了获得奖品，它会很好地执行命令，当没有任何信号提示时，它会继续某种行为直到获得想要的奖励。可以用一些特殊的词语来配合提示的缺乏。有些训练员使用"不对"或"错误"或"再来一次"。这会让犬进行重复。但是，这只能适用于那些经过积极强化并具有注意力时限的爱犬，这样可以防止它们的行为消退。

错误地使用惩罚和强化，对动物的生理和心理都会造成伤害。使用这

如果附近没有人，喜欢占据家具的爱犬会霸占家具作为休息地。

些纠正技巧可以减少困扰和避免虐待它们。在训练之前，你必须先了解你所使用的方法，像对待家人和朋友一样对待它们。儿童游戏"走走停停"和"热和冷"是练习的好方法。当使用这些技巧时，先想一下：这样做有效吗？如果没有用是因为什么呢？是时机不对吗？爱犬会健忘，但一旦学会了某种行为，忘记它比刚开始学习它更困难。

不 同 方 法

　　积极强化训练有很多种方法。可以诱导它并在它完成你的要求时，立刻刺激或奖励它，可以通过偶然的方式捕捉这种行为，或者等它接近你的目标要求的时候将这种行为塑造成你最终想要的行为。无论使用哪种方法或几种方法一起使用，都取决于你训练的内容、训练水平和完成训练所需要的时间。

　　在很多积极强化中，都可以用到诱导这种方法：食物、表扬、拍抚或是爱犬喜欢的玩具。可以在不同条件下选择使用不同的诱导方式。当爱犬能较好地完成某种动作但仍须改进时，

拍抚是一种很好的鼓励和强化良好行为的方法。

可以用玩具诱导动物完成某些行为。

大多数爱犬都喜欢食物而且热衷于寻找食物。对食物缺乏兴趣的爱犬不容易用积极强化的方法进行训练，除非你能找到其他更有效的刺激源。我曾经养过几只对网球比对食物更感兴趣的爱犬，可以试一下。

对于另一种方法，捕捉一种行为需要极大的耐心和对时机的准确掌握。你必须将爱犬放在你所需要的行为会随时发生的地方。比如，在寻回犬与玩具玩耍时进行刺激和奖励。在它捡起玩具的同时，即你想要的行为发生

或者它正在进步中时，表扬是种非常好的强化手段。表扬可以激励爱犬继续作出那些正确的反应。抚摸是奖励爱犬的极佳方式。它们喜欢被轻轻抚摸。这是维系群体关系和表达情感的一种方式。

对爱犬而言，它们不关心食物奖励多么可口，拍抚可以作为一种初级强化方法。有些爱犬更喜欢球类、绳索或实心玩具，而不是食物。给爱犬玩具以强化某种特定行为是一种奖励方式，而且可以激励爱犬继续这种行为。但是，食物是最便宜的强化方法。

你可以从实验和失败中了解到奖励对它们是多么重要，而不是毫无意义。无疑，这只爱犬非常喜欢和它的玩具玩耍和做寻回游戏。

时，进行刺激和奖励，这会鼓励爱犬捡起皮球。

另外一种方法是行为塑造。只需很少几步就可以完成。这是一种连续接近塑造法。每次成功完成动作，你须要对它进行更接近目标的正确反应训练。你捕捉到爱犬捡起球的动作时，教它把球交给你。你应该对它的每次进步都进行刺激和奖励。当它捡起球并含住时进行刺激或奖励。然后在它含住球并跑一段距离送返给你时进行刺激或奖励。每次成功都应进行刺激或奖励，直到它能成功地完成任务，即将球带到你身边并放在你手中。

想要完成任何一种捕捉或塑造，爱犬首先都得了解所有的声音信号和视觉信号都代表奖励。有两种方法：一种是可以使用诱导方法；另一种是可以将声音刺激信号和视觉刺激信号与奖励联系起来。卡伦·普赖尔（Karen Pryor）是爱犬操作性条件反射的先驱者之一，是《不要射杀犬类》和其他许多具有影响的训练动物方面的书籍的作者。他曾经指出，开始训练时应好好利用响片（意思是说让爱犬将响片声音与奖励联系起来）。响片声音是爱犬的某种行为与奖励的连接信号。这种声音很特别，而且为理想

塑造寻回行为时，爱犬从你手中衔取玩具时用响片进行标记。

寻回训练的最后一步是爱犬将球放入你手中。

的反应提供了稳定的信号。

　　如果你对时机掌握得非常好，爱犬很快会知道你想要它做什么。当它将响片声与奖励联系起来时，就会为了玩这个游戏而做出某种行为。爱犬非常宽容，可以用许多方法训练它们。但是，在你同爱犬使用响片之前，你可能希望与一个朋友或家庭成员使用响片。你最好在没有干扰的情况下开始，这样它学习得会更快。

　　来，让我们开始训练。将爱犬带到没有干扰、不会分散它注意力的地方。确保它在最近的 2 个小时里没有进食任何东西。将拇指放在响片的按钮部位，手环握住响片，防止滑落（见 24 页图），另一只手里拿些小食

你可以诱导爱犬摆出坐姿。

爱犬被食物诱导进入寻找目标的状态。

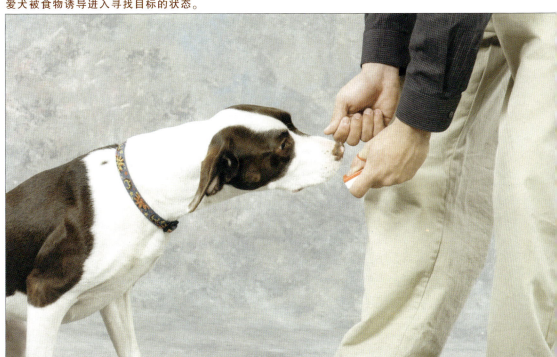

品。每按响一次响片就给它一次奖励。重复3次（这是强化阶段）。

这时，爱犬就会知道响片声意味着获得奖品。它会开始盯着你，并在每次听到响片声时都表现得很兴奋。如果它仍然没能发现声音和奖励的关系，那么多重复练习几次。有些爱犬可能须要更多练习。如果它一点反应都没有，你可能须要换另外的奖励方法。它没有反应，说明你所使用的奖品没有足够的吸引力。

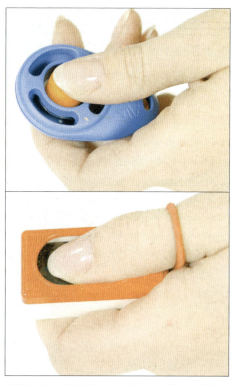

两种响片：按钮状（上图）和盒状（下图）。

在重复这项训练时，不要以固定的频率按响响片，即每次响片声之间的间隔不能相同。应改变时间间隔，否则除了响片声与奖励之间的联系之外，爱犬不会学会其他内容。不要奖励你不想要的任何行为。

现在，我们该决定是诱导爱犬作出正确的反应，还是等它自发出现正确反应。这取决于你投入的时间精力的多少以及你所训练的内容。单一的积极强化训练可能选择等待类似正确反应的动作出现。它们会逐步塑造一种行为，直到实现目标为止。如果爱犬不习惯被抚摸和谈话交流，那么还好一点，这样的爱犬不是真的关心你给了它什么，而只是关心它得到了奖励。这是一种不掺入感情的训练方法，很像斯金纳盒。当训练一只已经掌握响片或奖励体制的爱犬再进行更高难度行为训练时，也可以使用该方法。但是，大多数爱犬喜欢被抚摸和表扬，所以你应该采取多种方法强化它们的行为。

海洋哺乳动物和其他动物适于用该方法进行训练。它们不会驯服于人类的指挥，也不会在意人类发出的声音和动作。它们想要的只是食物而已。

经过长期的耐心训练，它们最后也会学会与行为相关的信号。教会它们一些事情，如寻找目标或"出来"信号，需要花费数天甚至数个月的时间。训练者必须等待接近要求的行为出现后再进行刺激链接和奖励。通过连续接近法，可以训练动物寻找目标并逐渐学习更高难度的行为。当动物熟悉了这种方法后，学习的速度会提高，但刚开始时，可能需要花费很多时间。我在动物园训练海狮、北极熊和大灰狼时曾经使用过该方法。因为不能触摸它们的身体，所以训练者在训练时不能离它们太近，当训练北极熊时，我站在它们的生活区之外，由直径2英寸的铁棍围成的铁笼子隔开。众所周知，这种动物的捕食欲望非常强烈，所以我不可能使用抚摸奖励，而且它们对我的声音也不会太在意。大多数情况下，我是在捕捉和塑造某种行为。这可能需要大量时间，但要安全得多。

犬类喜欢被抚摸。它们喜欢听到愉悦的声音，而且它们多数都喜欢捕食，这样可以激励它们对食物和玩具

积极强化的基础知识是让你为更复杂的训练打下坚实的基础，比如服从比赛。

在一次展出活动中，这只狗在接受检查时表现得非常礼貌。

灵活性训练需要大量的时间和练习，但其过程非常有趣。

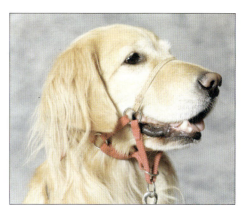

奖励的追求。响片训练在塑造行为和奖励已经掌握的行为时非常有用。这是一种教育训练的方法，但不是终生有用的。在爱犬的学习训练中，它们会学习次级强化，例如你的表扬和抚摸。这会和初期的响片声和食物一样成为一种奖励。当野生动物在完成一系列特定的行为后总是能得到食物时，它们就会变得和狗一样，可以在很多训练中运用它们的学习行为，例如服从训练、灵活性训练和搜救训练。有时，刺激和奖励还可以作为纠正方法消除爱犬的某些不良习惯。但是，因为爱犬的本能行为非常顽固，所以可能什么都改变不了。有时是因为食物所带来的刺激不足以让爱犬停止某种行为。

在我的实验中，如果将诱导方法与刺激连接或奖励结合使用，爱犬会学习得更快一些。很多训练者会延迟信号与动作之间的组合，所以直到学会动作之后，才真正学习信号，而我一般将两者同时训练。在你诱导它完成预定动作时，爱犬也学会了将声音信号和视觉信号与行为联系起来。没有必要将信号学习放到动物掌握动作以后进行。爱犬不仅可以通过2~5次

当不能完成命令时，头套是种人性化的控制方法。佩带头套时不应让爱犬的下颌感到约束和不适。

重复学会新事物，而且也一直在关注你训练的内容。我曾经见过有些犬在进行3次甚至更少的练习后就能根据命令作出动作。

爱犬能理解多种形式的指令。训练者可以利用积极强化和消极强化，也可以利用积极惩罚和消极惩罚。虽然很多传统的训练者坚持使用积极惩罚，例如用力猛拉、电刺激、带尖项圈和其他令爱犬不适的工具，这样会造成行为的消退，而真正的积极强化训练者精通操作性条件反射的运用，运用积极强化和消极惩罚进行行为塑造。这两种方法在训练爱犬中都可以使用，不同的是完成任务时的态度。有些爱犬非常宽容，无论在训练中遭

受了什么待遇，都会喜欢训练，而另外一些会变得消沉和畏缩，或在训练时摆出服从姿势，说明它们是被强迫训练的或在训练中遭到了虐待。

训练方法的选择很大程度上取决于爱犬的情况、训练者的学识和不同的具体情况。正面强化是训练幼犬、害羞的犬、友好的犬和捕食欲望强的犬的好方法。训练一只攻击性强的爱犬或统治欲望强的爱犬时，这种方法可能就不怎么有效。在某些情况下，这种类型的爱犬可能也会反应良好，比如在没有干扰的用围墙隔离的僻静地方，当有外界干扰或陌生人或其他动物存在时，它可能就不会在乎食物、玩具或声音的吸引了。如果爱犬有如此表现，你最好求助于专业训犬师。错误地使用积极强化训练，可能会引起更麻烦的问题。专业训犬师懂得如何正确塑造这种爱犬的行为。

同样，当爱犬适合积极强化训练时，你可以在不是很安静的地方进行训练。新的干扰可能是一种挑战。其它爱犬可能比食物和玩具奖励更有吸引力。迎接人行道上的行人也可能更有吸引力。这时，你需要使用一些积极惩罚的手段来吸引爱犬的注意力。

但这并不代表谩骂。有时只是简单地改变爱犬的注意力或使用次级强化词汇"不"就可以达到很好的效果。如果没有作用，你可以使用头套和其他训练设备进行积极惩罚，因为什么都不做是不会消除这种行为的。

无论爱犬要求什么，都要满足它。训练方法并不是只有一种。应当使用有效的方法。当爱犬学会了该方法，你可以取消诱导物将固定奖励换成不固定奖励。但是，这种方法应该在训练早期开始。在积极强化训练中，不能在训练中突然改变奖励频率。爱犬必须先掌握和奖励的紧密关系，然后才能知道如何对你的指令作出反应。

绳索结于下巴下方的环套上。

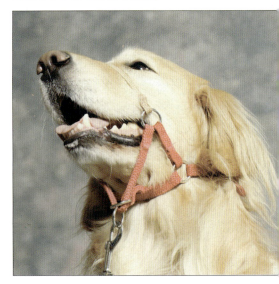

近距离和远距离训练

在前面，我已经提到过几次目标训练，现在我会详细讲解一下。目标训练是指动物学会将注意力放在如何获得奖励上。加里·威尔克斯（Gary Wilkes）——著名作家、演讲家、训练师和训练指导师，曾将目标作用形容为"通过控制爱犬的注意对象来触发它的本能行为"。这是一项基础训练。有些动物不使用目标训练技巧就无法成功地运用积极强化训练。可以

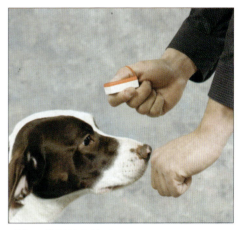

爱犬盯着训练者的手。

类推，在学习乘除法之前应该先学习加减法；在砌墙之前应先打地基，在有了地基之后才能在上面盖房子。

可以使用诱导法进行目标训练，也可以使用塑造法。无论使用哪种方法，爱犬都必须学会寻找目标以便开展积极强化训练。首先教它接近你，接着使用指挥棒或其他工具作为靶向物，并逐渐增加距离。

我用手开始目标训练。我用手握着食物，所以爱犬会自然地随着食物

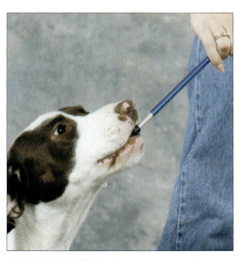

爱犬盯着指挥棒的一端。

29

近距离和远距离靶向训练的工具：加里·威尔克斯空中接力器、指挥棒和内装食品的食品袋。

的气味走过来。当它用鼻子触碰我的手时，我就用响片声作为信号并张开手掌给它食物。经过多次重复之后，爱犬学会了将我的手作为目标。我可以前后、左右、上下移动我的手，而爱犬会随着移动触碰它并得到奖励。当我训练它随行、坐下和其他类似命令时，它会随着我的手运动，完成训练动作并获得奖励。

响片训练专用卡伦·普赖尔(Karen Pryor) 指挥棒。

训练爱犬在距你一定距离时听从你的命令，需要用到目标训练。比如你想让它到一个特定的地方坐下、获取物品、寻找某物品或越过某障碍时。在进行远距离目标训练时需要使用指挥棒或其他工具，因为你的手达不到那么远的距离。在没有教会它将你身体以外的某物作为目标物之前，你不能立刻强化和塑造它的行为。同样，目标训练教会你的爱犬在没有看到能立刻得到的食物时将精力集中在某物体上。只通过信号（或响片声）就可以激发并塑造它的行为。

加里·威尔克斯设计了很多种目标工具，如折叠式铝合金指挥棒和"空中接力器"，一种黄色底座的大型目标工具，带有一个黑色的长杆，杆顶端为一个黄色球体，犬类对黄色比较敏感。接力器可以放在任何地方，而且不会翻倒，因为底座的功能很像"不倒翁"玩具（切记，它能摇摆，但不能翻倒），这就是空中接力器。当你的爱犬用力扑向它时，它会摇摆但不会翻倒。卡伦·普赖尔自己设计了指挥棒。它可以从 5 英寸伸长至数英尺，而且顶端有一个黄色的球供爱犬将其作为目标。普赖尔在《纠正行为问题

的工具》一书中也曾设计过类似的指挥棒。你可以在网上订购这些工具或者自己做一个，用半英寸的树脂材料，一端涂上黑色液体胶或缠上胶带就可以。

你可能想握住所有东西，并在想如何拿这些东西？食物、响片、目标棍，可能还有牵引绳。你怎么没有长四只手呢？别怕，有个小窍门可以解决这个令人头疼的问题。

用你常用的手（如果你像我一样是左撇子，就用左手，如果像大多数人一样，就用右手）的拇指和食指环扣住指挥棒末端。在指头和指挥棒之间夹住响片，将拇指放在适当位置以便可以按响它。转动手腕使指挥棒向下指，指向爱犬。食物装在食品袋里，放在方便拿到的位置。另一只手里拿着牵引带，但是，开始用指挥棒训练时，这时爱犬应该已经完成了基础的服从训练，并能在不佩带牵引带时进行训练。在进行所有的脱绳训练时，都必须在附近，以防止它跑掉或出现注意力不集中的情况。无论爱犬已经

如何用一只手握住响片和指挥棒，另一只手空出来发放食物。

训练到什么程度，在附近守候都是值得推荐的。这样将会腾出一只手拿着食物而不是牵着牵引带。瞧，两只手就搞定了。

有些狗对忽然出现的指挥棒感到害怕。这并不代表它们曾经被指挥棒打过，只是因为它对此感到陌生而已。交往能力差的爱犬不会因为害怕被打或被咬而惧怕人类和其他犬类，它们只是因为缺乏接触而恐惧。为让爱犬慢慢熟悉和了解目标训练设备，应按下面的步骤进行：

（1）将指挥棒的末端放在地上，并在其附近放些食物。当爱犬发现食物时，按响响片并允许它吃掉食物。

（2）将食物放得越来越靠近指挥棒（让爱犬越来越接近指挥棒）。每当它得到食物时按响响片。

你可能想在整个训练过程中都带着食品袋和响片。

为了训练爱犬将指挥棒作为目标，将指挥棒的一端放在食物上或贴近食物。

（3）直接将食物放在你希望爱犬会寻找的指挥棒的末端。在它得到时再次按响响片。

（4）将指挥棒末端轻轻抬离地面。当爱犬发现并嗅闻指挥棒末端时，按响响片并给它食物奖励。

（5）每次成功后逐渐提高指挥棒的高度，对每次正确的反应行为都按响响片并给予奖励。

另外一个方法是，将指挥棒折叠起来（或将其偷偷藏起来），只露出一点。训练爱犬将你的手作为目标。当它触碰你的手时，按响响片并给予食物奖励。下次让它用鼻子触碰指挥棒。当它知道指挥棒是你希望它触碰的物体时，你可将指挥棒从手中露出来，并随着每次成功的动作逐渐增加指挥棒的长度，这样可以让爱犬将指挥棒

末端视为目标而不是你的手。你可以通过上下、前后、左右移动指挥棒来检测它对指挥棒的反应。每当它触碰指挥棒末端时都要按响响片并给予奖励。

如果无论如何它都无法正确反应，如离开食物回到你身边或嗅闻地面，应将指挥棒移开，并用低缓的语调说"错"或"呃呃"。因为你希望爱犬可以继续进行尝试，所以不要用非常低沉的声音，因为那样会让它认为它做错了。相反，你应该用话语作为结束信号，停止它的错误行为并将其引导到正确的动作上。加里·威尔克斯将这种语调形容为"信号，而不是打击。"

现在，爱犬可以触碰指挥棒了，你现在可以训练它根据命令触碰其他物品。捡起某个物品，比如某个玩具、空中接力器或围栏上的某一点。将指挥棒末端放在围栏上某一点或某一物体上，然后命令"触碰"。当爱犬学会触碰指挥棒后，无论它在哪里都会去触碰它。当它这样做时，会触碰到指挥棒和你希望它触碰的物体。在它这样做时，按响响片，并给予奖励。当它正确地做出动作时，要说"好"、

开始时，只露出很短的一部分指挥棒，让末端靠近你的手。

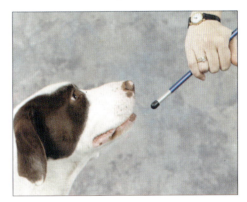

当爱犬学会将指挥棒作为目标时，逐渐增加指挥棒的长度。

最后你可以将指挥棒全部展露出来。

当开始训练爱犬将空中接力器作为目标时，轻轻地触碰是非常重要的。

"是的"。切记这些词语是次级强化，它们代表正确的行为，即使不再使用响片，这些词汇都会在其一生中得到使用。将这些词汇与正确的反应联系起来非常重要。

在你重复该训练 8~10 次后，爱犬会对你指向的物体作出条件反射。下面，向后迈一步，将指挥棒藏起来，然后说"触碰"。爱犬看不到指挥棒，但已经对你以前用指挥棒指过的物体形成条件反射，它会走向这个物体。

当它向该物体走过去时，按响响片，并给予奖励。逐渐增加要求的标准，按响响片给予奖励。当爱犬触碰该物体时，按响响片并给予奖励时，要用愉悦的语气说"好的"。爱犬现在学会在与你保持一定距离的情况下触碰指挥棒以外的物体。你可以训练它将所有物品都当做目标，并逐渐增加你和它之间的距离。你不但可以训练它寻找目标，也可以在该过程中学习如何塑造行为。

目标物是转移目标的训练方法，例如，从你的手到空中接力器。

"下一步干什么？"积极的训练方法可以让爱犬喜欢训练并渴望学习。

行 为 塑 造

如果你已经成功地教会爱犬寻找目标，那么你已经掌握了行为塑造的基础知识。关键是"连续接近"。随着每次的成功，标准也在提高。当你教爱犬寻找目标时，应该用食物和响片一起协助训练。或者你可以通过诱导它到达某地点开始，用响片或表扬进行连接，然后给它食物奖励。移动目标物，让它跟上，给它刺激和奖励。你可以逐渐教它将其他物体作为目标，开始时距离比较近，慢慢地可以拉开距离。

卡伦·普赖尔曾经指出"行为塑造的 10 条原则"。根据下面的步骤可以

通过追逐训练者手中的食物，爱犬被诱导摆出坐姿。

用手握着目标物，让爱犬呈坐姿面向训练者。

协助你使用积极强化方法训练爱犬。

（1）小幅度提高标准，这样能让爱犬有一个理想的强化机会。在训练爱犬寻找目标时，应该先让它建立食物和触碰目标之间的关系。在提高要求标准时，可以将目标物稍稍移开一定距离。每次它完成动作后，增加移动的距离，并改变方向。每次提高的幅度应该足够小，以便确保它能顺利完成。

（2）每次只针对某行为的一个方面训练。不能同时进行两个方面的训练。

在训练它将其他物体作为目标时，应先训练它将指挥棒作为目标。你不可能同时完成这两种练习。这会让爱犬感到困惑。

（3）在行为塑造的过程中，在增加或提高训练标准前，按照不定频率检验当前水平的反应。

为了让你的爱犬知道触碰目标，在给它奖励之前，应该让它多触碰几次（按响响片）。

（4）在进行新的标准或其他行为技巧时，暂时放弃原来的训练。

如果你一开始教导爱犬将你的手作为目标，并想教它将指挥棒作为目

关注的表情说明爱犬准备作出反应。

标，你需要在它触碰指挥棒时进行强化训练，同时减少或停止将手作为目标。如果它碰了你的手，不需要进行纠正，但是不能进行强化，它会发现你想要的反应，这可能需要一段时间的训练，而且可能会有失误。

（5）站在爱犬的前面，对你的行为塑造应该作一个完整的计划，这样，如果爱犬进步非常快，你可以知道下

一步应该做什么。

当你训练它将指挥棒作为目标时，应该逐步提高训练要求，即从将食物直接放在指挥棒的末端到它触碰指挥棒后给它食物。你应该了解所进行的内容，并对你的逐步增加的要求作出计划。

（6）不要更改主要的训练师。在每次训练中，你可能会有多位训练师，

抚摸腹部是结束训练的一种好方法。

在结束训练时，你可以与爱犬玩一些它喜欢的游戏。

但是在完成一个行为时，应该坚持用一位训练师。

每位训练师都有自己的方法。如果爱犬正在打滚，你应该在它的训练早期通过改变环境来对它进行阻止。在训犬过程中更换训犬师是一个非常大的变化。

（7）如果某种塑造方法没有效果，应该更换其他方法。有许多方法可以激发爱犬作出训练者想要的行为。

爱犬可能会很快学会将响片声与发放奖励联系起来。而有的爱犬可能在通过诱导做出某姿势并进行刺激奖励方面领悟比较快。爱犬对不同的训练方法都可以做出反应。

（8）不要随意中断训练，这会产生惩罚效应。

在结束训练时，要做一些有趣的事情，如果爱犬喜欢做捕捉游戏，应该和它多玩一会这类游戏。如果它喜欢被抚摸腹部，那么就这么做。要用有积极意义的事情作为训练结束的信号。

（9）如果行为没有塑造成功，就回到开始时的步骤。快速重复整个塑造过程，期间要采用一些比较容易获得效果的强化手段。

为了提高训练成绩，最好重新训练，如果爱犬在某一水平固步不前，可以退回到前面的一步或前两步，以确保训练是积极有效的。它可能无法从更高要求的训练中学到什么东西。反复训练，返回到爱犬曾经成功的行为上，从而让爱犬维持积极的反应和态度，维持爱犬的注意力和欲望。重新确立这种行为，然后继续下一步，提高幅度要小一些。

（10）争取每次训练都能有一个好的成绩，无论何时，当你提前完成计划时，就应该停止训练。

在结束训练前，确保爱犬作出了正确的反应，如果它表现疲倦，应该马上做一些它能做到的动作来结束训练。

在对爱犬进行塑造行为训练之前，向家人和朋友寻求帮助是非常明智的。刚开始时，你可以与他们进行一些塑造游戏，以完善你们的训练计划和掌握时机的能力。在房间的中间开始这个游戏，让游戏者用左手触碰附近家具的一角，你每次按响响片时都要告诉那个人，他正在做你想要他做的事情：

• 当这个人面向你所选择的家具时，

积极训练方法可以使你得到一只训练态度积极且愉悦的爱犬。

按响响片。

- 当这个人向家具迈出一步时，按响响片。

- 当这个人朝着家具又迈出一步时，按响响片，如此重复，直到他触碰到家具。

- 如果这个人偶尔抬起一只手，按响响片。

- 如果这个人抬起了左手，按响响片。

- 如果这个人抬起了左手，并伸向家具时，按响响片。

- 当这个人用左手触碰家具时，按响响片。

- 当这个人将左手放在家具上的时候，按响响片。

现在这个人已经完成了用左手触碰家具的动作。因为这个行为已经塑造成功，所以给他一块巧克力。当他想再要一块巧克力的时候，就会用左手触碰那个家具。对，人们非常了解这一点。他会索要巧克力。

对于不听话的人，你无能为力，但是对不听话的爱犬，你有很多方法可以用。现在你已经初步了解了如何塑造一种行为（你已经利用该方法教会爱犬如何寻找目标，还利用这种方法教会了一个人），使用这种方法可以让爱犬形成良好的条件反射，从而塑造一只温顺、听话的爱犬。

松开牵引带

训练爱犬在松开牵引带时随行可能是最困难的训练之一，当爱犬拖拉牵引带时，大多数人都会有一种习惯，就是紧紧抓牢牵引带，或者向后拉，这会让爱犬挣脱的力量更大。所有拉紧的牵引带都会引起爱犬拖拉牵引带的反应，其实这是一种非常自然的反应。在工作犬中，这种本能反应更强烈，但不是所有品种的犬类都有这种反应。哈士奇犬、北欧雪橇犬和萨摩

松开牵引带随行是一种高级训练，同时也是服从比赛中的一项内容。

耶犬特别喜欢拖拉牵引带，因此它们拖拉的本能更为强烈，但是你的小博美犬也会这样做，特别是当它们被那些北欧犬追逐时。约克夏更和柯卡犬也会拖拉牵引带，你如果用力拉，它就会用力拖。

训练你的爱犬不要拖拉牵引带的关键是你不要用力拉牵引带，而应该教它集中注意力。要让它了解一点，它将牵引带拉直、拉紧去迎接另外一只走向你的犬，同爱犬的主人相比，在你的身旁散步是多么舒服。你应该提供更好的选择，应该让爱犬对正确的反应做出条件反射。

训练爱犬随行的方法很大程度上取决于它的年龄，当然也取决于你的最终目标。你是否希望它在服从训练中老实听话？是否希望它能和你一起在小区里散步？在你开始训练之前，应该确定你的训练目标，当你希望它集中注意力时和允许它嗅闻、探索一个有趣的事物时，你须要和它进行交流。无论爱犬在哪里，无论身边有什么事情发生，它都必须听从你的命令。它须要始终遵守一个命令，所以你应该确定你的命令指令，并一直坚持下去。

确定了你的训练目标之后，你就需要计划你的训练表了。切记，你必须在爱犬训练之前提前计划一个或两个步骤，如果它很快完成了训练，你需要前进到下个一步骤。如果它在某一个步骤无法顺利完成动作，你应该返回到前一步或前两步它能正确完成的动作。完成单一动作不需要制定计划，只需要遵从连续接近法就可以塑造你想要的行为。注意要灵活掌握，要持之以恒，要有恒心，要有耐心，不要吝惜表扬之词，要始终保持训练的趣味性和积极性。

训练幼犬
(5周到4个月龄的犬)

幼犬集中注意力的时间比较短，但是它们的学习速度很快并充满激情。它们喜欢粘在伙伴身边并喜欢接近它们。这些伙伴可以使训练它们时注意力集中相对容易一些。越年幼的犬越容易被吸引注意力。当幼犬长到3个月以上时，如果你没有训练过让它集中注意力，那么周围环境的干扰对它而言会更具有吸引力。

这时，你不需要使用牵引带。是

使用食物诱饵来吸引幼犬的注意力。

犬的反应上，而不需要在牵引带上花费太多时间。当幼犬学会该如何做时，你可以加上牵引带。

幼犬一般对食物都有强烈的欲望，这是它们的本能。我发现诱导幼犬进行某种行为是实现目标的最快捷方法。当诱导幼犬时，应该使用响片。对某些训练者而言，这可能是倒退行为。有些训练者喜欢在一开始就使用响片，然后逐渐塑造行为。我发现这种方法非常费时，很多爱犬的主人没有足够的耐力和时间使用这种方法。另外，幼犬喜欢听到它们主人的声音，喜欢被它们的主人爱抚。这种更为人性化

的，我们在开始配带牵引带训练之前应先开始不带牵引带训练（在封闭的环境里）。这会让你将注意力集中在幼

两只幼犬可以同时寻找同一个目标。

所有的大型犬和小型犬、青年犬和老年犬，都可以进行随行训练。

的接触会让幼犬感到愉悦。

开始训练的地点应该选择在幼犬熟悉的环境里，它已经接触过这种环境，而且没有干扰。一只手里握着食物，另一只手里拿着响片。首先训练幼犬寻找目标。将食物放在它鼻子下面，吸引它的注意力。当你吸引了它的注意力之后，马上按响响片，表扬它并给它食物。将目标物轻轻移到一侧。当幼犬随着目标物移动时，按响响片，表扬并给予它食物奖励。将目标物轻轻移向另一侧。如果幼犬随着

移动时，再次按响响片，给它表扬和食物奖励。轻轻地上下移动，重复该训练。如果它跟着你的手移动，按响响片，给它表扬和食物奖励。现在你已经教会了幼犬寻找目标！在你训练幼犬寻找目标的几分钟里，它学会了一些新的行为，即你的刺激信号（响片声和表扬）的含义和随着它鼻子的移动可以带来丰盛的奖品。

让幼犬休息几分钟。你须要通过一些方法明确休息时间，具体有这么几种方法。开始可以使用一些特殊的

词汇，如"休息"、"解散"、"休息时间"等。在你发出信号词汇的同时，轻拍幼犬。因为幼犬喜欢被接触抚摸，所以这种轻拍动作可以将其注意力从寻找目标的训练中吸引过来。这是一种行之有效的奖励，而且是结束训练的一种积极方法。

训练时间跨度短，幼犬一般表现良好。复训3~5次后停止，或者训练1分半钟后停止，这样可以维持幼犬集中注意力的时间，以延长训练时间。它会想继续训练，激起它进行训练的欲望。

现在你已经将幼犬的注意力吸引

先迈出靠近犬的那条腿。

到你手上了（如果你想让它在你左边走，就应该用左手；同样，如果希望它在右边走，应该用右手），弯下腰，手放在小腿附近。当幼犬随着你的手运动，并用鼻子触碰你的手时，按响响片并给予表扬和奖励；很快它就能出色地完成了。如果它做不到，可以让它嗅闻你的手，然后将手放到小腿附近对它进行诱导。

如果幼犬对食物不是很感兴趣，你可以尝试一下其他物品。切记，在

目标物应始终在你和幼犬训练的地方。

开始训练前，你必须首先了解什么东西可以吸引你的爱犬，什么食物能让它疯狂，它最喜欢什么玩具，然后选择使用有效的刺激物。如果幼犬想得到奖励，它会尽其所能地去得到它，从而学习速度会非常快。

现在你已经将犬的注意力集中到你腿上，将它关注的那条腿向前迈出一步，并下达命令，如"走"、"跟上"、"行动"等。当它跟着你运动，追随它的目标物时，应按响响片表扬它，停下来，给予它奖励。

下一个练习是让幼犬随着你前进两步。如果它走了两步之后仍能在你

在开始佩戴牵引带训练之前，幼犬必须先习惯佩戴项圈。

身边，按响响片，给予它表扬和奖品。在你成功地完成一次跟随训练时（无论你用了什么词汇），就在现在的基础上增加一步。不久你就可以迈出 8~10 步甚至更多。休息几分钟，然后重复该训练，从 5 步开始，训练到 15 步。然后再休息一会，再从 10 步开始训练，到 20 步为止。

当幼犬可以很好地完成跟随训练时，可以开始加入转弯和变向。前进 5 步或 5 步以上，然后转向右侧，停下，按响响片给予表扬和奖励。至少重复 3 次。然后再向前走几步，步数不定，转向，停下，按响响片，给予表扬和奖励。下次，在转向给予刺激信号前增加步数。向左转向训练时也同样。开始改变转向的方向以及转向前和转向后的步数。每隔 3~5 分钟休息一次。如果它表现出精力不集中，例如嗅闻地面、四处乱看或无精打采，应停止训练，但记住，在结束时，一定要让它成功地完成某些练习。

当爱犬熟悉了这些训练内容之后，你可以省去诱导步骤。逐渐抬高目标物，而且开始站直（到现在为止，你一直只能躬着腰走）。让幼犬保持正确的位置（仍跟在你脚后跟部），当它仍

待在那里时，对它进行表扬，停止时按响响片。现在它不像以前那么经常得到奖励了，响片声和口头表扬可以强化它的行为。响片声可以作为训练结束的信号。

训练青壮犬
（4个月龄到2岁或3岁的犬）

训练这个时期的爱犬是最具有挑战性的。这个年龄段的爱犬要在它的家庭中确立地位，容易被干扰，而且精力充沛。青壮期的爱犬不再依赖于的群队成员。它们喜欢处于群体之外，或者寻找新的领地和探索它们的潜力。

你可能在开始时采用训练幼犬时的方法，但当爱犬面对干扰时，这些方法是无效的。如果爱犬想确定它们的统治地位，这些方法也会失去作用。实际上，这时，单纯使用积极强化措施是很困难的。你现在需要使用一些惩罚手段，一些积极惩罚（利用头套和牵引带施压）和消极惩罚（移走它关注的事物），其次是次级惩罚强化，如命令词"不"。

请记住：你会注意到在本书中我从来没有建议过使用消极强化。例如

将爱犬放入有带电的底座的笼子里，这些类似的方法曾经在早期行为研究中使用过，那是为了研究厌恶情绪在学习中的作用。将鼠或猴子关入这种笼子里，当某种行为出现或消失时给予电击。当我读到这里时，我再也无法控制自己的泪水，所以我十分反对在训练中使用消极强化手段。虽然宠物的主人所用的方法没有电击那么极端，但我仍然不赞成任何的消极强化方法。

这样，先在一个没有干扰的安静环境里让青壮期的爱犬知道你想要什么。使用可以让它痴迷的奖品，这对

正确地使用头套，可以让你在所有情况下都保持对爱犬的控制。

维持它的注意力非常有帮助。以我的经验来看，冻肝、小块热狗和奶酪都非常有效。但是不能让你的奖励对爱犬的肠道造成损害！这些奖品都是高能量的食物，而爱犬的食欲很旺盛，所以对过饱反应非常慢。

青壮期的爱犬可能需要诱导/诱饵来让它到达正确的位置。因为青壮期犬的充沛体力和精力，你可以塑造整个行为动作。然而，如果你进行得更快，就得使用诱饵了。当你向前进时，可以分批给它一些诱饵。

开始时，应使用响片。训练爱犬将响片声与获得奖励联系起来。经过3~5次重复后，它就会形成这样一种意识。现在，可以塑造"跟随"行为了。

（1）当爱犬看着你的时候，按响响片，表扬并给予奖励（如果你使用了诱饵，给它展示一下诱饵，让它向诱饵走来。当它这样做时，按响响片，表扬并给予奖励）。

（2）当它向你迈出一步时，按响响片，表扬并给予奖励。

（3）当它向你迈出两步时，按响响片，表扬并给予奖励，如此下去，直

在开始训练爱犬在你身边随行时，向前迈出一步，同时向它展示目标物。

到它靠近你。

转身，让它位于你的侧面。当它位于正确位置的刹那，甚至是你将它放到那个位置时，按响响片，表扬并给予奖励。如果它可以待在那个位置，按响响片，表扬并给予奖励。当它继续待在那个位置时，按响响片并给予奖励。如果它移动，什么都不要做，静静等待就可以了。当它自己回到随行位置时，按响响片，表扬并给予奖励。如果它不能自己回到随行位置，用诱饵诱导它完成，然后按响响片，表扬并给予奖励。

现在开始加入随行口令。呼唤它的名字，然后下达口令。只说一次。不要重复你的命令，否则爱犬会将其作为环境噪音而忽略。如果你不解释当命令下达时应该怎么做，那么口令一点意义都没有。当爱犬自己达到随行位置或待在这个位置时，给予命令。

握紧食物，放在腿上，不要让它触碰到，也是一种表达你的意图的极佳方法。这种方法可以在不需要身体接触的情况下让它到达随行位置。这也比等待这种行为自发发生要快得多。

当爱犬自己到达随行位置时，按响响片，表扬并给予奖励。当它待在那个位置上的时候，继续表扬它。下面，向前迈出一步，同时命令"爱犬，跟上"。用食物进行诱导。当它待在你身体一侧的位置时进行表扬。如果它不能待在那个位置，用诱饵诱导它回到正确位置。当爱犬到达正确位置时要给予表扬。

当你可以迈出数步而爱犬仍能位于你的一侧，并待在它的位置上时，对它进行表扬。当你停下脚步时，按响响片，表扬并给予奖励，标志着训练结束。这并不意味着当随行训练结束时，必须解散和结束训练。你可以在强化之后再给它下达命令，继续训练。

逐步锻炼青壮期犬的"跟随"反应。从两步提高到三四步，直到你可以前进20步或更多，左右转弯并改变你的步速。大约每隔5分钟休息一次，拍抚它或和它玩耍一会儿。这样，你可以用积极的事物结束训练了。

现在你可以在训练的时候加入干扰因素了。很多青壮期犬会试图跑开，嗅闻有趣的气味和跳跃不停。它们是青年犬，它们精力充沛。在训练前应

让爱犬先释放一些能量。可以进行捕捉游戏，带着它在封闭的环境里跑儿圈，其他可以消磨精力的事情也可以。年轻的爱犬如果得不到足够的释放，就无法保证精力集中。

当加入干扰后，很多青年犬对食物和玩具的关注会降低。它们喜欢探索、追逐或做其他与干扰有关的事情。如果不使用积极处罚，重新获得它的注意不是那么容易做到的。

为了成功地使用积极惩罚，你应该先了解如何正确使用它们。无论你使用何种工具，无论是马缰式项圈、头套、窒息链、带刺项圈和电项圈，都必须能正确使用它们。使用这些设施都是需要技巧的，而且它们可能会导致滥用。

无论爱犬的颈部佩戴什么，都不

需要总是施加压力。增加爱犬气管上的压力只会引起两件事情：压紧气管和引起爱犬更坚决地拖拉牵引带。因此，马缰式项圈、窒息链和带刺项圈不能总是绷得紧紧的。换句话说，别拉着。拉紧，然后放松。改变方向，然后重新开始训练。要谨慎使用，而且只在真正需要时使用。

电项圈不能用于绑定爱犬。它是一种积极惩罚工具。当爱犬对重新开始训练、积极强化和消极惩罚（移走它喜欢的某事物）没有反应时，你需要使用某些手段吸引它的注意。另外，这种工具可能会带来一些麻烦，所以在使用前应先了解它的使用方法。当爱犬犯错误时马上给予电刺激，应该立即重新开始训练一个好的行为项目，如果它完成了，应该给予奖励。

头套是一种没有疼痛刺激的控制工具。它是通过给爱犬的鼻子增加压力来告诉它犯错了。爱犬会将嘴巴咬含住其他犬的嘴巴以显示其优势地位。头套会激发这种行为。头套还可以降低爱犬的拖拉力量，有效率可高达90%，因为爱犬必须随着它的头活动。对某些犬类来说，头套是种魔法，对有些犬类而言，却只是挫败，

马缰式项圈。

因为它们不喜欢这种东西戴在脸上的感觉。我发现拉布拉多犬比其他品种的犬类更讨厌这种感觉。很多统治欲望强的犬类会试图摘下头套，而服从性的犬类会被这种彻底性的统治而击倒。头套不是对所有犬类都适合，但对80%的犬类都是有效的，它可以有效地制止拖曳牵引带的行为，并防止很多种攻击行为。这种工具在训练对食物和玩具没有兴趣的爱犬时也会非常有用。

记住，这些工具都应当慎用，而且应只为了纠正爱犬的行为而使用。当爱犬集中注意力时；哪怕只是一秒，按响响片，表扬并给予奖励。这样才能吸引它更长时间和作出更多反应。在使用你不熟悉的工具之前，应该进行一番了解或进行一些训练课程学习。我们的目的是为了积极强化训练，而不是滥用。

三种项圈：上面是尼龙扣项圈，中间为窒息链，下面为带刺项圈。

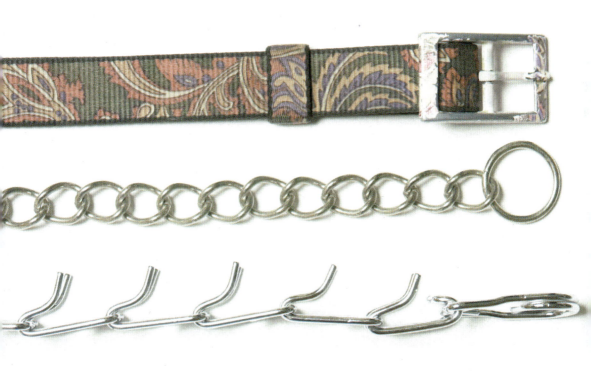

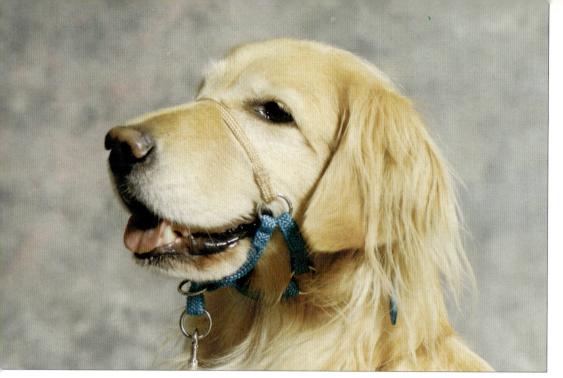

拉紧头套。作为强化手段，这种工具不会带来痛觉刺激，但你应该学会如何正确使用它。

训练成年犬

（超过 3 岁的爱犬）

训练超过 3 岁的爱犬的方法很大程度上取决于爱犬自身。每只爱犬都是独一无二的，而它们对周围环境做出的反应也是不同的。在训练前进行性格测试有助于你选择训练方法。无论哪种方法，其最终目的还是积极强化。

对于流浪狗和曾被收留过的狗，经常使用性格测试。有时也会用于观察幼犬的未来发展趋势。性格测试不涉及爱犬的品格如何，只是测试爱犬的训练难易度。多数成年犬对食物都有强烈的欲望。因为它们不易被其他动物、人和玩具所干扰。它们已经适应了环境，而且建立了稳定的关系。它们不像青年犬那样精力过剩。可自测以下的问题：

（1）爱犬有它喜欢的食物吗？如果有，是什么呢？

（2）爱犬对所有类型的食物都充满渴望吗？如果是，移走它们，然后慢慢找出它喜欢而且主人能操控的一些食物。

（3）爱犬喜欢和主人交流吗？

（4）爱犬是否老在主人身边转悠？

（5）爱犬是否好奇？

如果爱犬喜欢食物，那么它比较容易使用积极强化。如果它喜欢在你

身边转悠，喜欢你的抚摸，并渴望得到表扬，那么它很适合积极强化。如果它很好奇，那么它的学习速度会很快，而且一定会表现优秀。使用积极强化训练法能发现更多关于你的爱犬的性格和学习潜能的信息。

为了测试爱犬的关注力，可参考以下方法：如果爱犬喜欢舔你、触摸你和围着你转，那么它非常适合进行积极强化训练。如果爱犬喜欢在远离你的房间睡觉，而且在它愿意的时候走到你身边接受抚摸，但在你呼唤它时，它也会这样做，那么它也是适合这种训练方式的。如果它根本不听你的呼唤，而且躲开你，你最好不要使用积极强化训练；你可能需要一些积极惩罚措施。等待并观察。不要一开始就使用积极惩罚，但要做好必需时使用的准备。

多数爱犬天生具有一些捕食欲望。它们会追逐活动的物体，至少会盯着它们看。它们喜欢食物，喜欢出去散步。积极强化训练良好的爱犬具有很好的工作欲望。它喜欢运动和交流。对身边的环境和你所在的位置都感兴趣的爱犬非常适合进行积极强化训练。喜欢追逐运动的家畜和物体的爱犬也很适合训练，但你可能需要在它精力不集中时使用积极惩罚工具。

一只不关心你在哪里和你在干什

一只理想的适合积极强化训练的爱犬是喜欢表露感情的犬。

逐渐增加干扰，直到它对你的要求都熟练掌握了。对那些仍然容易被分散注意力的爱犬，对陌生人过于友好或过于狂暴者，必要时可使用积极惩罚工具。多数情况下，当开始干扰训练时，你会需要使用它，但不久便可以不再使用了。

对那些过于自信、对食物、触摸和表扬及奖励都不感兴趣的爱犬，你

表扬可以帮助爱犬保持注意力。

么的爱犬和具有攻击性的爱犬，需要使用积极惩罚工具协助训练，一般使用头套或电项圈。使用颈部项圈可能会引起更猛烈的攻击，并引发一些潜在问题。

对反应良好、注意力强、欲望强的爱犬，可以像训练青壮期犬或幼犬一样开始训练。它反应很快。当它成功地在没有干扰的环境中完成训练时，

诱导爱犬回到你的左侧，然后按响响片，给予奖励。

需要使用头套进行训练，而且当它正确地完成动作时（哪怕只是很短的瞬间），都应马上给予表扬和抚摸。让它知道当它做出你想要的动作时，你是多么愉悦、兴奋。你不久就会发现，你的爱犬会变得更加精力集中和平静，而且当它摒弃不当行为时，它的工作欲望会更强。

　　这里有一些可以帮助你将拖拉转

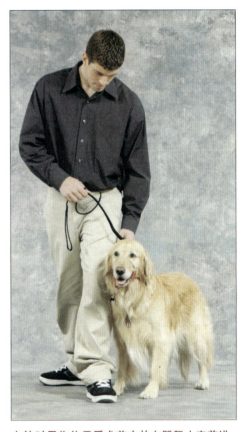

左转时用你位于爱犬前方的左腿阻止它前进。

变成观望的方法：

　　（1）静立不动练习：当爱犬冲到你前面的时候，站住别动，不要放开牵引带。当它向后看你的时候，按响响片，表扬并给予奖励。如果它始终看着你或看你一会儿，按响响片，表扬并给予奖励。当它朝你迈出一两步时，按响响片，表扬并给予奖励。当它越来越靠近你时，按响响片，表扬并给

当爱犬拖拉牵引带时，要保持静立，不要动。

使用头套时，当你转向时应轻轻地向下拉。

予奖励。当它返回你身边时，按响响片，表扬并给予奖励。继续向前走几步。如果爱犬仍然冲到前面，做同样的动作让它回来。如果爱犬和你待在一起，按响响片，表扬并给予奖励。

（2）转向练习：当使用头套时，这种训练是最有效的。当爱犬冲到前面时，向右转并轻轻将牵引带向下牵拉，然后停下。如果爱犬回到你身边，按响响片，表扬并给予奖励。如果没有回来，重复向下牵拉并转弯的动作。当爱犬回到你身边，按响响片，表扬并给予奖励。

（3）突然撞击和转弯训练：当爱犬开始向前曳拉牵引带时，右腿向前迈出一大步，向左转，用你的左腿撞击它的体侧。爱犬讨厌被撞击，而且这种积极惩罚会很快教会爱犬在你行走的时候将注意力集中到你身上。当它减慢速度并看着你时，按响响片，表扬并给予奖励。

假以时日，你只须要给它表扬就足够了，但这可能需要数月或数年时间。重复、重复、重复……直到只给予表扬就够了。

坐下和卧下

开始坐下和卧下训练最容易的方法是使用食物诱饵。当爱犬被诱导完成动作时，按响响片，表扬并给予奖励。这听起来很容易，是吗？应该比较容易，但我们的爱犬可不是机器人。爱犬和人类是不同的，不同的爱犬对信号的反应也都是不同的。不是所有的爱犬都对食物感兴趣。有些喜欢被

抚摸，喜欢口头表扬或者是玩具。而有些对所有的积极强化手段都不予理睬。

首先，我先介绍一下如何通过诱导使爱犬摆出坐姿，以及如何用响片、表扬和食物奖励进行强化。接下来会介绍如何通过玩具和爱犬交流，然后如何通过触摸进行交流。另外，如果

训练卧下的一个方法是，在爱犬自己卧下的时候用响片声捕捉它的这种行为。

你已经教会爱犬将注意力集中在指挥棒上，你也可以诱导它完成坐下动作。

现在，我们先来看看如何使用食物进行诱导。大多数犬类依赖它们的嗅觉。为了吸引爱犬做出正确姿势，你只需要将食物放在它右方的位置，并当它完成动作时，按响响片，表扬并给予奖励。其中需要注意的是在哪里放下食物。当诱导爱犬坐下时，你应将诱饵放在它两眼之间、几英寸开外，不要让它触碰到。它会为了得到食物而向前上方看。当它向前上方看

当爱犬坐下时按响响片。

时，它的后肢会下垂。当它这样做时，哪怕动作很轻微，也应当按响响片，表扬并给予奖励。如果爱犬在开始时不能完成整个坐下动作，没关系，重复该训练，下次要求它做得更完美一些。

有些爱犬需要帮助，因为它们过于兴奋而不能安静地坐下。当你用诱饵向上逗引它的鼻子时，可以轻轻拍抚它的臀部来抚平它焦虑的情绪。在它臀部放低的刹那，按响响片，表扬并给予奖励。你可能需要多帮它几次，但它能学会的。

重复训练几次之后，或者在一开始（因为爱犬一般很容易学会这种姿势）加上口令"坐"。将食物诱饵放在它头上方的两眼之间，命令它"坐"。当它这样做时，表扬它"好样的"，按响响片并给予奖励。

现在用玩具作为诱饵，这与用食物作为诱饵比较相似。不同的是，在每次成功练习之后，你都必须进行解散，因为它想将玩具含在嘴里，或者和玩具玩耍。如果没有这种强化步骤，玩具诱饵根本没有作用。慢慢地，你可以减少解散次数而增加训练动作。但是，用玩具作为诱饵比用食物作

一手放在爱犬的下颌下方，另一手放在它的髋骨前方。

当你轻轻将其下颌抬起时，同时轻轻下压它的髋骨。

诱饵进行训练所花费的时间要多一些。

最后，我们来谈谈用抚摸作为诱饵。一般来说，你还不能通过抚摸来吸引爱犬。确实没有什么办法让它明白当它坐下时你会抚摸它。诱引它做出坐姿不如你通过抚摸促使它这样做。当它完成动作时，拍抚它喜欢被抚摸的身体部位，比如胸部和腹部或耳朵。经过几次重复之后，它会明白它会被抚摸，而且会为了被抚摸而做任何事情。这种情况下，如果同时使用响片，

那么你可能需要三只手。其实在后面再使用响片更方便一些，即当爱犬对练习有了更多了解而不需要你动手协助它完成动作时。使用响片时，应当在它完成坐姿的刹那按响响片并给予拍抚。

训练爱犬根据命令坐下真的不需要太多练习。即使最桀骜不驯的爱犬也会为了食物而坐下。当爱犬有了为得到食物而坐下的意识之后，你可以将这种动作融合到它的其他行为中。

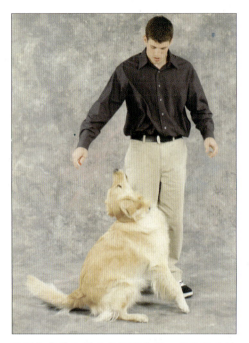

将目标物放在爱犬的两眼之间。当它的头抬起时，它的后肢会放低而坐下。

当你进行训练时，让它坐在你的一侧。它坐下后会保持注意力集中而不会乱蹦乱跳。当你为它做检查和洗澡时，也可以让它保持坐姿。可以通过如下练习将坐下动作融合到日常"跟随"训练中：

（1）带着犬与你一起走几步。当你停下时，给爱犬展示食物，放在它两眼之间，不要让它碰到，然后命令"坐"。

（2）当爱犬臀部下蹲时，按响响片，表扬并给予奖励。

（3）重复整个随行练习。在很短的时间里，爱犬就会学会当你停下时主动坐下。

你现在已经学会将两种行为同时使用了。爱犬现在需要更多的练习来培养它对刺激信号和奖励的反射。随行时，它仍然会喜欢靠近你的体侧，因为你在停下脚步后仍能吸引它的注意力。

可以通过如下练习训练爱犬坐下时集中注意力：

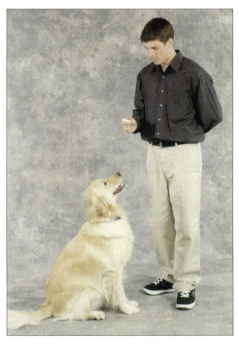

你可以为了集中它的注意力而让它坐下，这样它不会分散注意力去吠叫、跳跃或做其他动作。

（1）当它向你跃起时，走开。不要和它进行任何正面的交流。和它交谈只会让它认为得到了奖励，所以什么都不要讲。

（2）给爱犬展示食物奖励。将食物放在爱犬的两眼之间。

（3）命令"坐"。注意，要用命令的口气。不要大叫，也不要重复。

（4）诱导它完成动作。

（5）在它完成动作的同时，按响响片，表扬并给予奖励。

当爱犬坐下时，马上按响响片并给予奖励。

（6）必要时进行重复。

为了这项练习，你需要特别注意爱犬的行为。如果它走向你并坐下，你需要饱含热情地奖励它。如果你不这样做，它又会跳来吸引你的注意。训练爱犬在接受检查和梳理时保持坐姿，需要训练它等待，这会在下一章进行介绍。

现在我们开始最难训练的科目之一：卧下。如果你知道卧下是一种服从姿势，那么就不难理解为什么这种训练会如此困难了。在这种姿势下，爱犬感觉非常容易被攻击，而且它只会在自己认为需要向优势统治者表现服从时才会做出这种姿势。命令爱犬卧下需要考虑到它的感受。很多爱犬不会为了哪怕是最可口的食物而做出这种姿势。低下头来寻找食物？当然！但需要低下整个身体吗？不可能。

有几种可以诱导爱犬卧下的方法。你可以站在它的前方或者一侧。你的位置对爱犬是否愿意卧下和保持这个姿势都非常重要。这里讲一下如何站在爱犬的前方（对那些统治欲望不强的、容易相处的爱犬），诱导它卧下：

（1）站在爱犬的前方，命令它坐下。

（2）当它坐下时，按响响片，表扬

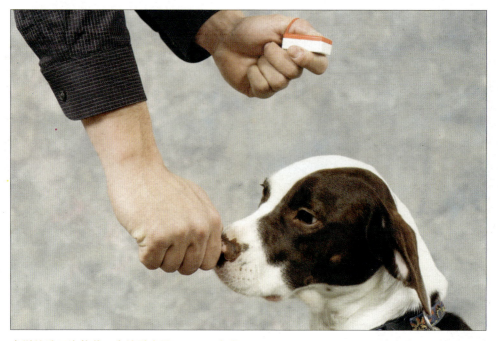

在训练卧下姿势前，先给爱犬展示一下目标物。

爱犬自己做出卧下姿势并不难，问题是它不喜欢被命令这么做。

并给予奖励。

（3）将食物放在手心里，展示给它看，让它将你的手作为目标，按响响片，表扬并给予奖励。

（4）将手放在它的鼻子下方，然后放低。让爱犬将手作为目标。当它这样做时，按响响片，表扬并给予奖励。

（5）慢慢放低作为目标物的手，直到放到地面上。当爱犬随着目标移动时，会逐渐垂下肩部。

（6）你的目的是让爱犬卧下，腹部接触地面。进行几次重复，它会在你

不触碰它的条件下完成动作。但是，当它完成卧下动作时，应马上按响响片，表扬并给予奖励，马上结束训练并抚摸腹部。

（7）当爱犬已经理解这个练习的内容时，下次做练习时可以加入口令，这样它可以了解你的话语的含义。这样不像是一个训练，更像一个游戏。

当爱犬对卧下命令充分理解之后，你可以使用指挥棒或视觉指示信号来进行训练。当你已经确立了行为标准，比如，它在接受奖励之前会在这个位置上等待几秒，那么你可以开始训练

当爱犬随着目标移动时，给予视觉信号（手指下指）和卧下的命令。

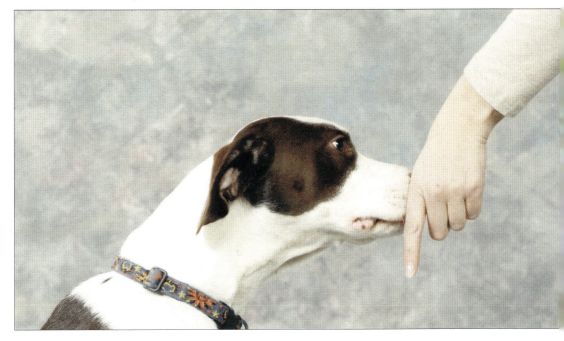

卧下和等待了。

下面介绍如何在随行的位置上诱导爱犬卧下（适合性格倔强的爱犬）：

（1）进行随行训练和坐下训练。开始时要先进行爱犬已经熟练掌握而且可以顺利完成的动作。

（2）过几分钟后，让爱犬坐在你身体一侧。

（3）爱犬位于随行位置，将你的手直接放在它鼻子下方并允许它嗅闻食物。

（4）将你的手放到地上，同时下达卧下命令。

（5）如果它自己卧下去了，很好。它学习得很快。如果不是，那么继续。

（6）将你的目标放在它鼻子下方，按压它的肩胛骨后方。如果这样爱犬可以卧下，按响响片，表扬并给予

将你的目标物放到地上。

奖励。

（7）如果这仍不能让爱犬卧下，那么你需要用双手将它卧倒。如果你这样做时，需要用4只手才能拿着食物和响片。所以你可以将响片放到一边，用靠近它的那只手按压它的肩胛骨后方（如果它在你左侧就用左手，在你右侧就用右手）。

（8）训练它卧下时，在你按压的同时，让它的前腿向前伸。当它腹部接触到地面时，马上给予口头表扬并给予奖励。直接进行随行练习。当它接受了这种姿势以后，表扬它，而且在给它奖励之前让它保持这种姿势几秒钟。这样可以为卧下训练和等待训练做些准备。

经过多次卧下练习后，爱犬的卧下动作越来越容易了。当它在没有你协助的情况下可以顺利完成时，你就可以重新将响片与口头表扬和奖励结合起来了。

当爱犬成功理解了在你身边坐下和卧下命令时，这时可以进行远距离训练了。你可以使用你的指挥棒进行这些训练，将它作为手的延长。当爱犬在你身边时，先让它了解指挥棒的指示信号。"坐"，直抬起指挥棒。

这是一种非常好的远距离信号，因为它会从你的身体中伸展出来。距离比较远的时候，爱犬看不清楚细节动作，但能看到轮廓。运动和轮廓变化可以吸引它的注意。远距离指示卧下的信号是用指挥棒指你身体一侧的地面。你可以使用不同的视觉信号，只是需要保持一贯性和考虑到爱犬的视野能力。

远距离训练爱犬坐下：

（1）让爱犬将指挥棒的末端作为目标。当它用鼻子触碰指挥棒时，按响响片，表扬并给予奖励。

（2）将指挥棒抬高，高于它的头部，停于它两眼之间的位置，命令它坐下。指挥棒末端应不让它触碰到。当它向上看、用鼻子触碰指挥棒并坐下时，按响响片，表扬并给予奖励。

（3）离开爱犬一英尺远，重复上述练习。这次它不会真的触碰到指挥棒，但它可以看到指挥棒的运动。当你将指挥棒向上抬起时，命令它坐下。如果它做出正确的反应，按响响片，表扬并给予奖励。如果没有，将指挥棒放近一些，然后再重复。有时你可能需要大量的重复训练才能得到正确的反应。彼此缺乏了解对人和爱犬都会

轻轻按压爱犬的肩胛骨后方，帮助它小心谨慎地完成卧下姿势。

造成挫折感。如果你让爱犬受到挫折，它或许会放弃并对训练不再感兴趣。它会讨厌训练而不再渴望训练。这就是为什么让训练保持积极性和给它奖励是多么重要的原因，哪怕这会减慢你的训练进程。

（4）通过在每次成功之后增加你和爱犬之间的距离，逐渐培养爱犬远距离坐下的行为。把握好时间，循序渐进。进度不要一下子跳得太远，而且需要降低难度，以让爱犬理解每次提

高的含义。

　　距离的远近你自己可以把握。可以是 6~30 米，只要是在一个封闭的场所里。每次训练都争取向目标距离靠近一些。

　　为了训练爱犬远距离卧下，你可以在休息时间和进行唤回训练时（呼唤爱犬回到你身边），先进行坐下或等待练习。远距离卧下训练对放牧、治疗、服从和人身安全都有用处，其用处可以说是不胜枚举的。

　　从坐下或等待开始这个练习是最容易的，你可能在进行本训练前想先了解和进行等待训练。站在爱犬的前

无论你离爱犬近还是远，都必须能吸引它的注意力。

抚摸爱犬的腹部是对其卧下的极好奖励。

方命令"宝贝，卧下"。你可以用指挥棒和手指给予指示。无论你使用哪种指令，在训练时要从头至尾保持一致性。当爱犬做出卧下动作时，按响响片，表扬并给予奖励。经常重复该练习。但不要连续做 2~3 次。你可能希望教它一些信号口令，而不是简单的模式化训练。经常将各种训练结合起来，这样爱犬会一直很忙碌，而你也不会感到厌烦。

当爱犬与你面对面卧下时，向后退一两步。重复同样的卧下的视觉或语言信号。当它完成动作时，重复，按响响片，表扬并给予奖励。如果它做不到，走近一步，然后再试一次。如果走近了也没有什么变化，那么回到最先开始的状态，直接站在它面前。

一切训练都是以成功为基础的，而不是失败。逐步增加，循序渐进，提高标准。一步成功之后，两步，直到你实现目标。无论训练什么内容都要用表扬和奖励进行强化。最后，你只需要将表扬作为刺激信号就可以了。当全部练习完成时，应进行奖励。

下一步是训练爱犬先找到目标，然后坐下和躺卧。这一系列行为称为行为链。在单独教会它这些独立行为

下达命令时，逐渐增加你和爱犬之间的距离。

之后，你可以根据你的喜好将它们串联组合起来。爱犬已经了解了信号或命令的含义，而且会完成你所要求的所有动作。行为组合链接可以切实地检测爱犬的行为临界点。爱犬会学会在只有刺激信号的情况下做出一系列行为，而在它完成整个行为链之前不会得到奖励。当爱犬在没有欲望驱使的情况下完成的动作愈多，它达到的行为标准就越高。当爱犬在训练中取得进步并学会享受单纯的交流和练习的乐趣时，它的行为标准就会提高。

现在爱犬可以学习在远距离时从

坐姿变为卧姿，它应该学会在我们移动称之为"快速下落"的物体时卧下。它一般在游戏、放牧或向你跑来时以及在常规服从时都是运动着的。如果它穿过马路，开始向你走来，而你看到一辆汽车正在驶来的时候，让它卧下是非常重要的。你可以示意它卧下，以保证它的安全，而不是穿过马路。如果你和爱犬在进行治疗工作时，你应该考虑到有人可能会惧怕犬类。如果爱犬可以卧下，就不会表现得那么让人害怕，这样就可以安抚恐惧的人们。

开始这种训练的最佳场合是随行时。每走 20 步左右，在向前进时用视觉信号或口令命令它卧下。当爱犬完成动作时应按响响片，表扬和奖励。如果一开始的时候它没有马上卧下，

手抬高是一种非常好的"卧下"的远距离信号。

72

抬起手臂、轻拍你的胸部是一种很好的表示"过来"的远距离信号。

不要担心，这需要驯化练习。爱犬会发现它卧下得越快，就能更快地得到奖励。这时如果用诱导物阻止它前行并诱导它卧下的话，效果会更好。你可以用你的手和末端有食物的指挥棒作为爱犬的目标。这样可以马上给它一个奖励，从而建立反射，并可以适当延长时间。

另外一件你需要做的事情，是训练爱犬在你的位置发生变化时仍能卧下，无论你在它的前方、后面或身体一侧。指挥棒有助于这种训练，因为无论你站在哪里，信号始终是相同的，指挥棒始终向下指。在开始的时候要离得近一些，这样当它不理解或拒绝命令时，你可以采取一些措施，这样

73

你可以指导它做出正确的姿势并给予奖励。切记，任何时候都不可以重复下达命令。如果爱犬喜欢食物，它会因为奖励而做出正确的卧下动作，特别是当它已经对训练有了一些了解之后。如果无论你站在爱犬周围的什么地方，它都可以正确地根据命令卧下时，那么你就可以逐渐增加你和它之间的距离了。记住，增加幅度要小，循序渐进，逐渐靠近目标。

如果爱犬试图随着指挥棒移动时，你可以在你希望它卧下的地方放置一个固定的目标物。这样可以使它将注意力集中在那里，而不是集中在你身上和慢慢移走的指挥棒上。当你走到你希望爱犬到达的位置，而你希望它卧下时，它会看着目标，然后靠近它。这需要一段时间的训练，因为你在现实生活中不可能将目标放在你希望它卧下的所有地方。当进行了等待和唤回训练之后（后面会讨论到），你可以将这种训练提高到"唤回卧下"和"快速卧下"层次。在完成既定目标之前，你需要对它进行大量的训练。

进行远距离训练时，将目标物放在你希望它卧下的地方。

等　待

无论在哪里，等待练习都是连续接近法成功塑造行为的组成部分。从1秒到10分钟，所有这一切都是在成功的前提下的小幅度的提高。要让爱犬感觉到它做的事情都是成功的。这样可以激励它继续去做，而且喜欢和你一起训练。训练对你们两者而言都应当是欢乐的。如果失去了欢乐，那么你就需要重新评价训练方法。可能你只需要向后退一点点，退回到它可以成功完成的动作，也许你应换种方法。在积极训犬方法中，最常见的错

迈出右脚，同时做出"等待"的手势。

误就是进行得太快，或一开始就没有将训练程序考虑清楚。

刚开始进行等待训练时，时间必须很短。应该只是短短的几秒，每次训练后逐渐增加时间长度。不要期望爱犬在刚开始的几个回合里能等待 10 秒。10 秒似乎不是很长，但那只是在你开始等待训练之前！有些爱犬会让你感到惊奇，因为在刚开始的训练中就可以等待相当长的时间，但这并不意味着将来会取得成功。开始时，让爱犬等待 2 秒就足够了，然后逐渐增加时间。这似乎太简单了，但其实本

持续的目标有助于维持坐姿和等待姿势。

当爱犬寻找目标时，与视觉信号同时下达等待命令。

进行等待训练时，用指挥棒作为目标物。

就该如此。简单代表着成功，成功意味着快乐和继续下去的欲望。

我们现在开始进行坐下和等待训练。可以面对着爱犬，也可以在它位于随行位置时进行该训练。无论你站在哪个位置，当你下达命令时应使用相同的视觉信号和口令。先让爱犬保持坐姿。当它做出坐下的动作时应给予表扬。将视觉信号放在它面前，同时下达等待命令。你所采用的视觉信号应该是容易辨认的物体，例如将你的手掌摊开，手指分开。在下达命令前记得要先呼唤它的名字。

如果你是面向它进行训练，那么

在等待时对食物的关注可以帮助幼犬集中注意力和进行学习。

对食物的关注有助于你在它周围走动时，让它继续保持坐姿和等待姿势。

要始终站在它的前面。如果是随行位置，直接迈到它的前面，切记用另一条腿，而不是进行随行训练时先迈出的那条腿。例如，如果随行训练时，你先迈出左腿，那么进行等待训练时你应该迈出右腿。

将目标物放在爱犬的鼻子附近。当它待在原地用鼻子嗅闻目标时，表扬它。过 2~3 秒，按响响片，表扬并给予奖励。然后转入随行位置或中止

训练。做些别的事情，不要让它继续保持坐姿。

在几分钟内，重复等待训练。这次，让爱犬在原地等待 5 秒钟，然后给予刺激和奖励。一定要用别的事情来结束等待训练。不能让它自己站起

对指挥棒的关注也有助于你在它周围走动时，让它继续保持坐姿和等待姿势。

当你可以从爱犬的一侧走到它前面时，你就可以走到它的身体两侧，最后走到它后面了。

照循序渐进的方式进行训练。冰冻三尺非一日之寒，拉西（Lassie）也不是经过一次训练就可以救护人们的生命的。熟能生巧。要投入足够的时间并正确地完成。

当爱犬可以保持坐姿或等待姿势45秒以上时，你可以开始加入你的活动了。和其他训练一样，这项训练也应该使用连续接近法，逐步增加越来越多的动作。先从面向爱犬、从它一侧走到另一侧开始训练。每个方向只可迈出一步。回到随行姿势，按响响片，表扬并给予奖励。为了鼓励它待

来。如果在你进行等待训练时，它站了起来，那么必须用目标物或食物诱导它回到原来的姿势，并重复等待命令，并用视觉信号加以强化。刚开始进行等待训练时，爱犬在短短几秒内可能不会活动离开，但当你增加时间时，它可能会离开。

有一个时间值，就是说在 30 秒时，爱犬会无法保持等待姿势而站起来。如果发生这种情况，退后到 20 秒时。多做几次这样的训练，协助爱犬成功地通过这一个临界点，而不是老是回去重新开始。任何事情都应该按

最后，你可以绕着爱犬转一圈。

当你成功地在走近爱犬的时候让它继续保持坐姿或等待姿势时，你可以逐渐增加你和它之间的距离。

在原地，应该始终鼓励、表扬它。你通过表扬对该行为进行强化，这样可以帮助它将注意力集中到你身上，并让它确信它正在做你希望它做的事情。

如果在一开始，突然移动顺利成功了，那么可以继续进行下一段练习，每个方向迈出两步。重复上一动作，始终表扬它，回到随行位置时，按响响片，给予奖励。当爱犬在你从它面前从一侧走到另一侧时，如果它坐得很好（仍然离得很近），这时可以开始在它两侧来回移动了。在每次成功训练之后逐步增加你的活动量。如果它站起来了，你应该让它恢复原位，退回到前面的练习中重新开始。

当可以成功地在爱犬的两侧移动时，现在可以围着它走一圈了。要注意的是，转的方向要经常变化，这样爱犬不会只熟悉一个方向的运动。在

有时在你围着它走动时，触摸它可以鼓励它
继续保持坐姿或等待。

等待训练中增加你的运动时，要继续表扬爱犬，然后退回到随行姿势或者在你按响响片、给予奖励之后直接进入下一个命令。

现在你已经教会爱犬在你沿着不同方向围着它移动时，它仍能保持几分钟的坐姿，你可以加入另外一个因素——距离。毕竟，如果你不能走开，那么等待又有什么用呢？如果爱犬已经可以在你围着它走动时保持恒定的坐姿，这时加入距离因素不会造成什么问题。但是，如果爱犬不能百分之百做到这一点，或者它患有孤独焦虑症时，加入距离因素会带来一些难题。你应该进行得更加缓慢一些，时刻关注引起爱犬躁动不安的临界点。

当你围着爱犬移动，逐步增加运动量时，你进行距离训练时也应该使用同样的方法。开始时，先让爱犬做一些它已经熟练掌握的坐下或等待练习。和它保持近距离，在它周围不同方向走动。在建立反射和进行下一个练习前，至少要绕着它走3圈。这样可以让爱犬为下一个练习做好准备。

第一步，当你绕着它走动时，向外迈出一步，只能一步或两步远。注意不要直接向后迈步，然后继续绕着走。向后迈步可能会导致爱犬站起来，并走向你，因为这种肢体语言与进行过来训练时的姿势很相似。要避免这种干扰行为，而且你的动作应该比较隐蔽，从而在你围着它走时逐渐增加距离。在整个过程中都要表扬爱犬的表现。

当你至少可以围着它转一圈时，记得给予刺激并给予奖励，然后进行别的项目。下次，可以增加几步距离，并尽量延长转圈的时间。在5次或6

当等待动作完成后，进入下一个练习，例如随行练习。

次坐下或等待训练中，你可以在围着它转圈时迈出 6 步远。经过几周不懈的练习，你可以在封闭的环境里将距离提高到 30 步或 40 步。

如果当你走开时，爱犬不能待在原地，你可以使用指挥棒。当你移动时，将指挥棒放在它鼻子附近，逐步增加距离。直到你无法将指挥棒保持在它的鼻子附近的位置时，可以将指挥棒放在诸如凳子等物体上，让末端仍能在爱犬附近。爱犬只是需要一些物体帮它集中精力，而指挥棒就可以。它知道当它将注意力集中在目标物时，

会得到奖励的好处。当你在四周移动时，继续注意目标，这样可以教会它保持安静，而不是当你不在身边时感觉不安。你需要更频繁地进行刺激和奖励，但是，如果没有长久的强化，爱犬仍然会感觉不安。

你在坐下或等待训练中所使用的方法在下一个卧下或等待训练中都可以用到。当爱犬卧下时，在它面前展示目标物和视觉信号，同时命令它等待。要让它等待几秒钟，然后按响响片并给予奖励。可以通过向前进、带它随行和结束训练来让它结束卧下的

将爱犬的臀部移向一侧有助于更舒适、更持久的卧下或等待姿势。

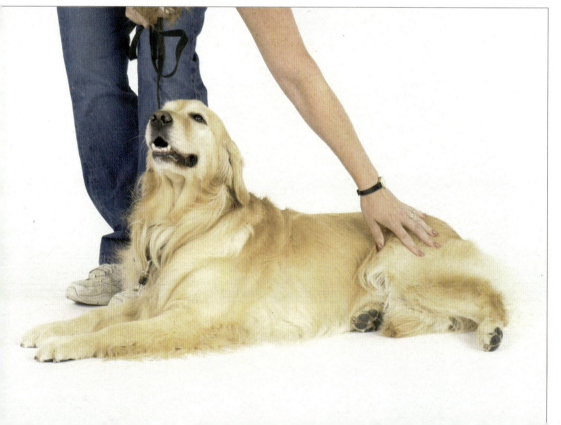

每次成功训练之后逐渐增加距离。

姿势。如果爱犬根本不能保持卧下姿势，那么应该在它保持卧下姿势时给予它尽可能多的奖励，然后立刻结束，当然也可以抚摸它。这时你需要做一些对爱犬来说最具有积极作用的事情，这样，它就会忽略自我保护的本能而卧下，因为这样，它会得到非常诱人的好处。

开始时，保持随行姿势，手放在爱犬的肩胛骨附近。这样可以在它试图站起来的时候让它保持卧姿。如果它总是试图站起来，你应该缩短卧下或等待的时间，并退回到它在关注目标时能保持卧下姿势的状态。有时，

当爱犬卧下等待、将目标物移开之前，你需要进行好几天这样的训练。

利用连续接近法塑造爱犬的卧下或等待行为，直到它可以保持1分钟。这样在提高标准之前，可以得到稳定的反应。如果你进行得太快，可能需要大量的积极惩罚措施来让爱犬保持卧下姿势，从而让它对训练产生不好的印象。你最好多花一些时间并按照要求去做。

当你可以让爱犬卧下1分钟时，可以开始在它四周走动。坐下或等待和卧下或等待的主要差别是，刚开始时，在卧下或等待训练时，你应该在

在卧下或等待训练时，可以使用指挥棒进行辅助训练。

在卧下或等待训练时，先在它身后走动，然后在它前面移动。

当它保持卧下或等待姿势时，要给予奖励。

围着爱犬走动是一种分散注意力的练习。

爱犬的后面活动，而不像坐下或等待训练时在它的前面活动。为了确保爱犬可以保持卧下或等待的姿势，你可以将它的臀部推向一侧。这样的姿势会花费它较多时间来放置它的脚，这样你就可以根据视觉来判断它是否要站起来。如果你用较多时间来诱导它重新做出卧下姿势，这样可能是在帮助它违背命令，所以在你使用次级惩罚手段、用低沉的声音说"不"的时候，要确保它能够完全理解卧下或等待的含义。

开始的几次活动范围应该局限在爱犬的一侧。朝它的尾部走几步，然后回到随行姿势。当它待在原地时，要表扬它。这种强化方式不需要结束训练。当你想结束训练时，按响响片给予奖励，然后继续其他动作。下一次练习，尽量在爱犬身后走动。当它待在原地时，要始终表扬它，然后回到它身边，按响响片，给它奖励，进行另外的动作。

当你在爱犬身后和身边走动而它可以待在原地时，可以试图走到它的另一侧。重复训练，当它学会在这个状态下保持待在原地时，按响响片，奖励它，然后继续。经过几次卧下或等待训练后，你应该可以绕着爱犬走一整圈并逐渐增加你们之间的距离，在它表现良好时，你可以给它一些次级奖励和表扬。你的表扬可以激励爱犬待在原地，因为它知道为了得到奖

你应该在很短的时间内围着爱犬走一圈。

在随行训练中下达命令时，使用指挥棒诱导它卧下。

励（响片声和食物或者是玩具），它必须那么做才行。

如果爱犬根本不能在原地保持卧下或等待姿势，可以像进行坐下或等待训练时一样使用指挥棒。一根长的指挥棒可以帮助你在围着爱犬绕圈时将目标放在它的鼻子附近。

现在爱犬可以完成坐下或等待和卧下或等待动作了，你可以进行"运动中卧倒"和"唤回卧下"训练了。让爱犬保持坐下或等待姿势，然后在它面前走动，命令它做出卧下或等待动作。然后，随后的每次正确的卧下练习都要逐步增加你和它之间的距离，或者改变方向。这时不能操之过急，

要始终保持训练的积极性。当然，也可以将这种训练与其他练习结合在一起，这样就不会变得索然无趣。变化越多，爱犬就会越关注。

接下来，在随行过程中，让爱犬在你弯腰时做出卧下或等待动作。做出"运动中卧下"动作，然后命令它等待，再围着它转圈。回到随行位置，按响响片，给予奖励，然后继续向前进行随行训练。在进行其他动作之前，上述训练不可以连续重复3次。你并不想每次停下脚步时都会发生这种行为。当你训练爱犬进行唤回训练时，整个"唤回卧下"行为才会全部结束，这会在下一章中进行介绍。

可以给那些可以唤回的爱犬更多在安全区域奔跑的自由。

唤回和防止分神

唤回训练的重要性

训练爱犬在你呼唤它的时候回到你身边（这被称为唤回）是爱犬生存的最重要的课程之一。随着这种行为的稳固，爱犬可以得到自由，而你也可以得到爱犬的信任。你可以带它去公园，让它奔跑玩耍。你可以带它去海滩，让它下海游泳。你可以去徒步

幼犬也可以学会被呼唤时回到主人身边。

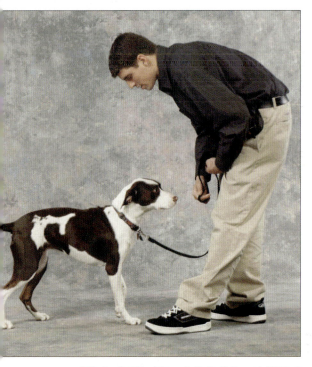

当你向后退的时候，身体向前倾，这样可以诱导爱犬向你走来。

旅行，让它走进森林在你身边游玩嬉闹，这样的情况真是数不胜数。但是，呼唤时能返回最大的好处是可以保证爱犬的安全。

无论它在做什么，无论你在哪里，无论它的附近有什么干扰，当你呼唤它的时候，它都能回到你身边。为了实现这一目标，你须要将整个过程分成以下几个小的步骤。第一步是在短距离内唤回爱犬，地点应该是在没有干扰的环境里。给爱犬佩戴上牵引带，

这样当有事物干扰它时，你可以用牵引带强化你的命令（给它演示正确的反应）。如果你使用诱导物和有趣的肢体语言以及愉悦的声音（后两者无论你何时呼唤你的爱犬时都应该用到），你很可能不需要使用任何积极惩罚手段。诱导物可以是食物、玩具或只是你低下来的身体（蹲下）和热情的言语。要从等待位置开始练习，例如它不训练时的休息时间。改变条件可以强化未来的反应。

下一步是距离。开始时只能 0.6 米远。这可以保证训练的顺利完成。开始时给爱犬展示目标物。当它用鼻子触碰目标物时，发出刺激信号并奖励它。当你弯下腰或蹲下与爱犬基本保持同一高度时，将目标物拉近你的身体。用平静的语调说"来这里"，同时下达命令"来"。爱犬会很快就学会这一动作，因为这对它来言很有吸引力。当爱犬做出正确反应后，表扬它。当它来到你脚边时，按响响片，给予奖励。

下一次，将距离增加到 1.2 米。成功之后，再增加至 1.8 米。每次训练成功后，逐渐增加距离。在增加到更远的距离之前，一定要确保在当前

当爱犬看着你的时候，按响响片。

的距离条件下，在任何地点的唤回反应都是成功而可靠的。无论你从哪个方向呼唤它，爱犬都会向你走来。让爱犬接近你时要尽可能愉悦，这样它就会知道向你走来才是它最该做的事情。

如果你训练时给爱犬佩戴了牵引带，那么你在进行所有新的训练时都应该让它佩戴着，注意在你绕着爱犬走动的时候不能在牵引带上施加压力。最轻的拉力也可以使爱犬在你希望它活动之前离开等待位置。训练爱犬在牵引带拉紧时仍然待在原地可能需要一些时间和调整方法。它还没能做到这一点，所以要小心。

摘掉牵引带进行唤回训练会有一定难度，因为你没有办法来协助你的命令，也没有办法防止爱犬因其他活动而厌倦疲劳。只有在一个封闭的小环境里，你能迅速捕捉到它的注意力，这时你才可以在它不佩戴牵引带的情况下进行唤回训练。

当你进行唤回训练的距离越来越远的时候，你需要换一条更长、更轻的牵引带。我向你推荐棉质的牵引带，它长达 6 米。棉质牵引带容易抓牢而且便于清洗，是的，相信我，你需要经常清洗它，因为它经常会与污物、泥巴和其他地上的东西摩擦。但是，牵引带的长度不能超出你能控制的范围。应该先练习一下如何收起长的牵引带。我发现将牵引带橡胶皮管、室外延长线和固艇绳索一样卷成团状最好了。这样，你可以很快将其收起来而不会纠结，而且可以当爱犬向你走来时，将它扔在附近。让爱犬看见你在玩绳子，爱犬会有加入到这种有趣的游戏中的冲动。

建议你将响片和牵引带的末端放在右手。如果你的响片系在腕链上或伸缩带上，那更加方便了。用左手轻轻滑过牵引带，让两手之间的牵引带的长度在 0.6~1 米，将牵引带滑入右手，然后重复上面的动作。这样，3 次或 4 次就能将整条牵引带都收拢在一起，不会纠结，不会缠线。而且，你可以让爱犬对回到你面前产生快速反射。

如何应对精力不集中

当爱犬可以在室内和室外安静、封闭的环境里准确无误地完成唤回动作时，你可以加入一些小的干扰。可

以在附近放一些玩具，求助朋友或家人，让他们在周围走动、拍掌、跺脚、制造噪音等，甚至可以抛掷玩具。应该逐渐加入各类干扰。爱犬应该先学习在玩具干扰的情况下进行训练。当它知道了应该将注意力放在你身上而不是玩具上的时候，你可以加入人为的干扰。下一步是让人们在训练场里走动。然后逐渐变为在附近走动、打口哨或鼓掌。接着，让人们在四周慢跑。然后请人们捡起、再丢下玩具。这些都做完之后，让干扰者将玩具抛掷过来，开始的时候离爱犬远一些，如果爱犬无视玩具的存在而是看着你，那么就可以抛得离它越来越近。完成玩具干扰训练之后，现在可以进行更有挑战性的训练了：其它犬在场的时候进行训练。这可能是最大的干扰（除了猫、松鼠和兔子之类的动物）。作为干扰的那只犬必须已经熟练掌握了对犬类的防干扰技能。如果不是这样的话，事情会变得非常棘手，因为两只犬会渴望彼此之间进行游戏玩耍。

开始进行其他犬的干扰训练时，应该拉开比较远的距离，这样爱犬不会分散太多注意力。逐渐缩短它们之

将牵引带在你两手之间展开。

将牵引带收集到一只手里，重复该动作。

继续收拢牵引带，将牵引带完全收到一只手里。

间的距离。当爱犬开始注视另外一只犬的时候，让这个干扰犬待在那里不要再接近了。为了始终吸引爱犬的注意力，你需要训练它对你的反应。当它将视线从你身上移开时，做一些可以吸引它注意力的事情。

当面对非常强的干扰时，如面对另一只犬的时候，没有什么食物、表扬、玩具或诱饵可以吸引爱犬的注意力，甚至消极惩罚也没有用（如果你冷淡了爱犬或者将奖品从它身边拿走，它都不会在意）。这种情况下唯一有效的方法就是积极惩罚了，例如使用头套给它的鼻子施加压力，或者使用项

在唤回训练中，玩具是一个很大的干扰。

圈快速提醒它将注意力放在你身上。根据你的技术水平选择可以使用的工具。虽然大多数爱犬佩戴头套后会对干扰不再注意，但仍有很多爱犬佩戴头套之后也没有多大效果。这时，可以求助于专业训犬师，他会帮助你选择合适的工具，并教你如何在不损伤爱犬的身体和心理条件下有效地使用这些工具。

当你度过了临界点之后，逐步缩

当爱犬已经训练得非常可靠的时候，仅仅表扬就可以吸引它的注意力。

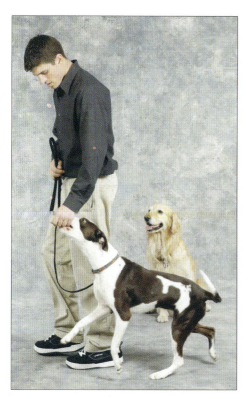

训练时身边有干扰的时候，食物可以吸引爱犬的注意力。

短爱犬与干扰物之间的距离。当爱犬注视你的时候，按响响片并给予奖励。当它移开视线时，可以使用积极惩罚。你还需要将声音作为次级强化和惩罚的手段加以运用。当爱犬看着你的时候，表扬它。当它移开视线时，用低沉的声音说出纠正的语句。最后，你只需要使用语言就足够了，

但刚开始的时候，你需要掌握好时机并运用刺激信号、奖励和积极惩罚来进行强化。

在你开始给爱犬佩戴长牵引带进行训练之前，你必须确保它在佩戴1.8米牵引带时应该可以应付各式各样的干扰。当进行防干扰训练时，你不需要为牵引带而费神。须要强调的是，防干扰训练不只是适用于唤回训练，而是可以加入到其他所有行为训练中。首先，爱犬必须完全理解每一个练习。然后，逐步增加上面提到的各种干扰因素。这样，无论爱犬身边发生了什么，它都会完成你所要求的动作。这需要大量时间、耐心和重复练习。练习！练习！练习！

唤回卧下

现在每一步都完成了，我们可以将每个环节组合在一起进行唤回卧下训练了。需要提醒的是，在开始新的项目训练之前，应该经常温习你和爱犬喜欢而且可以成功完成的动作。这样在训练开始时气氛会比较融洽，爱犬会得到很多表扬和奖励。有两个

从卧下或等待姿势开始唤回训练。

行为你需要学习：运动中卧下和唤回卧下。

首先，我们先来讨论运动中卧下。在你成功地让爱犬在随行的时候卧下之后，命令它等待。从它身边离开，然后在四周走动。在它周围某处停下，然后唤回它。这会让它学会从卧姿站起来而向你走来，无论在它卧下之前在干什么。

第二，从卧姿或等待到向你走来。让爱犬保持坐姿或等待，走开一小段距离，然后指示它卧下或等待。再走得远一些，然后将它唤回。

好的！现在我们开始了。让我们进行唤回卧下训练。让爱犬呈坐姿或等待或卧下或等待。表扬它，但不要按响响片。离开它。在它四周走动，拉开你和它之间的距离。唤回爱犬。当它向你走来时表扬它。在它走到面前之前，命令、指示它卧下。如果它直接做出卧下的姿势，按响响片，表扬并给予奖励。如果不是，走到它身边，通过诱导或外力帮助它卧下，当它卧下时要经常夸奖它。如果必需你的帮助它才能卧下，那么应该退回到远距离进行卧下训练。

当爱犬可以在向你走来的路上、

在离你 0.3 米或 0.6 米的地方卧下的时候，可以增加一点距离，在它离你远点的地方命令它卧下。每次成功地完成动作之后，按响响片，表扬并给予

在唤回卧下训练中，在它来到你面前之前，通过视觉和语言信号命令它卧下。

它过来，按响响片，表扬，然后奖励它。

逐渐增加指挥棒与它之间的距离，训练它站起来，走向指挥棒，触碰指挥棒，然后卧下，接着可以进行唤回训练，这时它会得到刺激信号和奖励。如果这样做有什么困难的话，退回到上一步或前两步，并顺利地结束训练。训练进度太快可能会让爱犬迷惑，这只会导致它无法享受其中的乐趣。必须让爱犬热衷于它所做的事情并渴望进行下一步训练才行。让训练变得简单、短暂和具有积极促进作用。

在开始进行从卧下或等待姿势到向你走来的训练时，你和爱犬之间的距离应该很短。

它奖励。

你可以使用指挥棒来帮助爱犬理解在哪里卧下。触碰练习非常有用。让罗弗保持坐姿或等待。将指挥棒或空中接力器放在你希望爱犬卧下的地方。诱导它去触碰指挥棒，当它触碰时，按响响片，表扬并给予奖励。然后让它卧下或等待。离开它，如果它能保持卧下或等待姿势，表扬它。唤

让爱犬保持坐姿或等待，你走开，然后将指挥棒放在它和你之间的你希望它卧下的地方。

日常生活中的强化

积极强化训练对塑造爱犬的行为、消除不良习惯和形成良好行为具有极其重要的作用。几乎所有的幼犬和家里新来的爱犬都会经历这么一个阶段，它在烦恼时会通过吸引人们的注意而试图获得奖励。遗憾的是，有时它的所作所为具有破坏性和其他不良影响，有时因为焦躁还会给它和你带来危险。

实际情况是这样的：这些小捣蛋喜欢尝试一些新鲜的事物。如果它发现某些行为可以带来奖励，那么它会继续那么做。如果它发现没有奖励，那么这种行为就会慢慢消失。这么来看，其实结果取决于你。你可以通过奖励那些你想要的行为来培养它的行为模式，而当它做了你不喜欢的行为时，你可以不给它奖励或惩罚它。只有在它执着于某一行为而消极惩罚方法没有作用时，才可以采用积极惩罚措施。当然不能放任它啃咬你的鞋子和从厨房偷食物吃。在这一章里，我们会讨论一下主人经常遇到的一些问题以及如何处理这些问题。

室内训练

对室内环境破坏者——你的幼犬或成年犬（最好不要假设收留的成年犬就是破坏者）而言，室内训练的方法有两种，一种简单，一种比较难。

笼闭训练有助于培养爱犬良好的室内生活习惯、安全性和卫生的排泄习惯。

刚开始的时候，应该允许爱犬在它想出来的时候可以从笼子里走出来，而你应该在那里进行监督。

如果你选择简单的方法，那么注意观察并保持耐心。如果你选择比较难的方法，那么就是惩罚、恶劣的态度和不可避免的失败。

你的室内训练的辛勤付出会有所回报的。爱犬会学习得很快，而且这也为爱犬将来的行为制定了很好的模式。拉斯卡的态度非常积极而很少感到惧怕。我是指，当你进入房间时，它会蜷缩成一团。是的，爱犬的记忆力非常好。如果某种因素已经启动而且经常坚持，那么它会记住的。很多犬类会试图避开犯过错误的地方。这可以称之为愧疚心理。

你可以通过塑型方法非常容易地

教会它在哪里撒尿。这和将它带到适当的地点一样简单，不断重复撒尿的信号词语，当它那样做时，按响响片，表扬并给予奖励。最好在你确信能成功的时候进行这类训练，例如经过漫长的一夜的忍耐（当然是在它的笼子里）在早晨第一次撒尿的时候。在这之前，还有几个步骤需要你去做。让我们详细介绍一下笼闭训练。

笼闭训练。不，这并不是非常残酷的事情。实际上，这是一种非常人道的做法。笼子为爱犬提供了一个它可以触碰到四壁的安全空间。没有什么比爱犬被幽禁在无法感觉笼子边界的地方更让它害怕了。大多数破坏行

为都发生在这种情况下，例如它被锁在一个房间里，或是锁在一个出口很小的笼子里，或是被捆了起来。爱犬被限制起来，但它并不感觉安全。在笼子里，爱犬感觉安全。没有东西可以从背后攻击它，因为它感到后面非常坚固，它能看到什么东西过来了，这是非常正常的本能反应。

这就是笼闭训练。如果爱犬自己不能走到笼子里，那么你须要教它根据命令进入笼子。记住那是爱犬的安全堡垒，而不是进行惩罚的地方。绝对不可以把它关到笼子里进行惩罚，要一直让它相信笼子是个安全的地方。开始时，笼门可以是打开的。坐在它附近的地板上，在笼子门口放上奖品。如果爱犬走出来吃掉食物，按响响片，表扬并给予奖励。每当它走出来获取奖品时都要这样做。

现在，将奖品放在笼子门口内。当它走向奖品时，按响响片，并给予奖励。逐渐把奖品往笼子里面放。当它获得奖品时一定要按响响片并表扬。很快，爱犬就会将笼子作为奖品发放机，一个多么奇妙的地方啊。

现在可以加上命令，例如"进笼子里去"。应该用非常兴奋、热烈的语

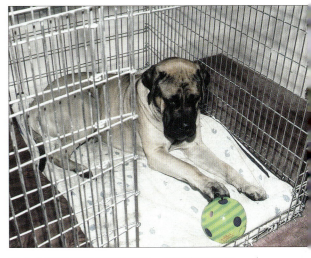

爱犬在笼子里感觉到很安全，那里就是它们的私人空间。

调下达命令，仿佛是在邀请爱犬进行一项游戏一样。它会走到奖品发放机里面去，毕竟这是件非常美妙的事情。当爱犬走进笼子里的时候，按响响片，表扬它，并给予奖励。这样多重复几次，让它学会当它刚走进笼子里时不公得到奖品，只有几秒以后，当它进去并转身面向你之后才能获得奖品。这正是刺激信号的精彩之处。它知道奖品在等着它，就不必再使用奖品诱饵了。

当爱犬可以自己进入笼子里的时候，就可以把笼门关上了。关闭的时间应该很短，5秒。按响响片并表扬，打开笼门给爱犬奖品进行奖励。下次，

当爱犬在笼子里放松下来时要奖励它。

关闭的时间可以增加 5 秒。重复训练，每次增加 5 秒。如果爱犬开始变得坐立不安，当它在笼子里时，按响响片，表扬并丢给它奖品。这样，它就知道在笼子里安静地等待也可以得到奖品。

下一步是你离开笼子。使用在等待练习中所用到的连续接近法。从你站起身来开始。如果爱犬仍然保持安静，按响响片，表扬它。接着，在笼子前面来回走动。如果爱犬仍然保持安静，按响响片，表扬它并给予奖励。如果不是，返回到上一步，然后慢慢向前一点点训练。随着每次成功地完成动作，逐渐增加你的运动和距离。一次不要增加太多，否则爱犬会变得焦躁不安。要让这成为一段愉快的经历，而不要引起它的躲避。

当爱犬接受了你不在它的笼子旁边的时候，你可以教它在你离开房间时仍然保持安静。开始时，只离开几秒钟。回来，按响响片，表扬它并往笼子里面丢个奖品。你也可以让它从笼子里出来一会儿，然后再做几次"到笼子里去"的练习。将简单的事情与新的训练项目结合在一起，有助于保持积极的训练态度。

逐渐延长你离开房间的时间，每次都要回来而且每次都要给它刺激连接信号、表扬和奖励。每次进行笼闭训练时都应该增加你离开房间的时间。经过几天，爱犬就会在你因事外出时仍然感觉安全而且安静地待在笼子里。笼子还是它晚上休息的场所，在这里，它需要控制肠道和膀胱，直到被放出

当爱犬继续待在关闭笼门的笼子里的时候要表扬它。

笼子时才能排泄。有些爱犬会在笼子里排便。这是另外一种本能行为。这和不让它们离开笼子排便是不同的。它们已经学会了走进笼子。对于爱犬来说，把这里作为犬窝很正常。它不得不学会在混凝土地板上撒尿，因为它没有地方可以排便。而且混凝土地板与室内的其他地面不同，特别是那些没有完工的混凝土地面，爱犬会认为这些地方作为卫生间正合适。

继续我们的讲解，现在我们已经讲完了塑造笼闭行为，现在开始训练它的"外出行为"。当你将爱犬带到门外时，你需要教会它如何告诉你它想去的地方。有些人可以非常自然地理解爱犬的某些行为的含义，例如，它在我们面前跳跃、吠叫或将头放在腿上。另外一些人则需要在耳朵里装上警报器才行。这里列出了一个简便、快捷的方法：教会爱犬按门铃。铃声要足够大，保证你在哪里都可以听到。尽量把铃铛放低些，这样爱犬可以非常轻松地用爪子或鼻子触碰到它。

方法如下：在你带爱犬通往排便的路上放置一个铃铛，并在铃铛上放一个奖品。应该将奖品牢固地粘在铃铛上，这样当爱犬舔食物时可以弄响铃铛。一般来说，一块小蛋糕就非常适合该训练。当爱犬得到铃铛上的奖品时，按响响片并给予表扬。当铃铛发出声响时，马上将幼犬带到门外它排便的地方。让它待在那里，不断重复命令直到它排便为止。在它结束时，按响响片，表扬它并给予奖励。每次带爱犬走出房间时都要这样做。如果你希望它在便盆里排便，小型犬的主人一般喜欢使用便盆，那么进行同样的操作，只是须要将其放在盒子里，在它排便之前不让它出来。

大约一周左右，爱犬就会学会按铃然后出去（或在便盒里）排便。这并不意味着它完成了室内训练，特别

你可以训练爱犬在它想排便时按响铃铛。

是它不足 6 个月大时，或对你的家庭还比较陌生的时候。你应该一直坚持训练，而且时刻关注它的表现。如果你不想时刻观察爱犬，那么须要把它放到它不会引起麻烦的地方，例如笼子里，或者室外用围栏围好的地方。

当爱犬去触碰铃铛的时候，你应该按响响片，表扬它并给予奖励。这样会强化这种行为，使其更牢固。对爱犬多加留意可以预防它惹出麻烦而且也避免使用积极惩罚措施来纠正它的错误行为。如果它做错了某事，如

任何形式的触摸都是在鼓励爱犬跳起来。

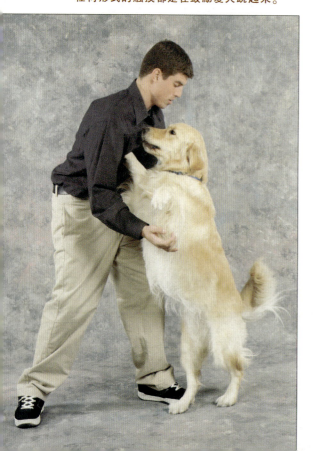

果你是在它犯错的当时把它抓住了，你必须使用积极惩罚措施处罚它，否则拉斯卡会认为在你的家里它可以做这类事情。

比较困难的训练方法是允许它接近你无法观察它的地方。排便时间不固定也是一种错误做法。不给它展示它应该去的地方可能会导致这种行为。室内训练需要花费大量时间和精力，不要相信有什么捷径。如果不遵从我所列出的几个步骤，将会导致你不得不为它并不理解的事情而责罚它，这对于人和犬类来说都是不公平的。

跳起

如果你从未强化过这种行为，那么跳起就不是多么大的问题。但是，当爱犬是只幼犬的时候，它跳起来的时候又是多么可爱啊……它跳起来和你打招呼而你情不自禁地拍抚和拥抱它。但是，当它长大之后，无论它是 9 千克、20 千克还是 60 千克，它有脏兮兮的爪子，再也不可爱了，特别是当它用这种动作迎接你家年迈的老人的时候。爱犬并不知道这样做是不对的。过去它曾因为跳起来而备受关注，

所以它还是会一如既往地这样做。

你首先要做的事情是杜绝这种行为的发生。可以这样，当它跳起来的时候不要给它任何关注（积极或消极的）。这就是说，不要接触，不要说话，接触和说话都是积极反应。不要牵拉它或冲它喊叫，这些是消极反应。对一直寻求关注的爱犬来说，消极反应也是一种鼓励。重新开始训练是消除这种行为的另一关键因素。你需要将爱犬的注意力集中到正确的事情上去，比如坐下，以吸引注意力。这需要在爱犬准备跳起的时候立即行动，而且当它确实做到的时候一定要好好奖励它。

当它跳起时，不要鼓励它，你应当转身并后退。在它跳起的时候要一直坚持这么做。如果这样没有效果，你可以使用一些消极强化措施，例如噪音盒或用水枪喷射它的脸。将15个硬币放进一个小金属盒子里，可以制作简单的噪音盒。当爱犬跳起的时候，上下晃动这个金属盒一两次。这种声音会吸引它从而令它停止跳跃。如果爱犬对声音非常敏感，不要使用这种方法。可以用喷雾器或水枪来代替，当它跳起的时候用水喷射它的脸。在

你考虑使用惩罚措施时，这些方法都是积极惩罚措施。消极的惩罚措施是，你转身离开。这样就将它的关注点——你移开了。

下一步，或者说当前这步，是重新开始训练。给爱犬展示你希望它怎样来吸引你的注意，并在它这样做的时候给它奖励。大部分人希望爱犬通

当它得不到关注时，它知道跳起并没有起到作用。

过坐下吸引我们的注意而不是跳到我们身上。当你阻止它跳起之后，命令爱犬坐下。当它身体的后面部分接触到地面时，按响响片，表扬它并给予奖励。每次它走过来坐在你身边的时候，都要拍抚并表扬它，作为奖励。你不需要用响片来强化这一行为。这时，抚摸对于强化这种正确的行为已经足够了。一定要注意爱犬的新的寻求关注的行为方式（过来然后坐下），你应该及时给予奖励，否则它还会扑到你身上，因为这确实是获得你一些反应的方法之一。

垃圾桶
（其他禁止触碰的物品）

爱犬喜欢挖掘垃圾是种非常难纠正的行为，只是简单地奖励食物反而会诱发这种行为。你不可能遮掩住从垃圾桶里散发出来的气味，也没有什么好办法可以让爱犬完全远离垃圾桶，除非你将垃圾桶放在它够不到的地方。虽然可以将垃圾桶放在它够不到的地方，但这样做并不能纠正爱犬挖掘垃圾的行为。爱犬不可能轻易忽略掉那些引诱它的气味。它们的这种错误行

为最终会变得没有吸引力而停止。一般很难找到比骨头和剩面包更吸引它的东西了。最好的方法是教会爱犬不要去刨垃圾桶甚至最好不要靠近垃圾桶。还有其他一些不能触碰的东西，比如你的中国明代的花瓶或意大利的毛皮靴子。无论是哪种物品，都应该教会爱犬不要用嘴巴和爪子去碰它们。

条件反射训练爱犬远离你的贵重物品（包括垃圾桶），当它靠近这些物品或对此产生兴趣时，你需要使用一些爱犬讨厌的东西。令其不爽的东西可以是用水喷洒它的脸，或是惊叫。同时，用玩具引导它进行一些积极的行为，来转移它的注意力，而且在它将注意力转移到玩具上时要奖励它。多次重复，综合利用这些事物（令其讨厌的东西，然后是玩具）会非常有用。因为，令爱犬讨厌的东西会让爱犬对那些禁止触碰的物品产生不好的印象，而当它远离那些物品走向玩具时反而会得到好处。

你需要坚持观察，以发现它是否对垃圾桶产生了兴趣。它可以嗅闻到微细的垃圾桶气味，或鼻子在地上嗅来嗅去，一般都意味着它正在对垃圾桶产生兴趣。捕捉它的这种寻觅气味

的行为，并在其发生前给予纠正，这样可以让整个训练过程变得清晰。与一贯性和表扬一样，人与爱犬之间的交流也是产生可靠反应的关键。

啃咬

这种行为常发生于幼犬和统治意识强的爱犬。当幼犬玩耍时，它们常用嘴咬。统治意识强的爱犬用啃咬显示它是统治者。你不能让爱犬咬你。当玩游戏时，不能允许它咬你，再轻也不行。有人会因此而受伤，而爱犬可能会因此而误解它在家中的地位。当爱犬表现出啃咬的情绪时，你可以给它一个玩具，并四处移动来对它进行重新训练。爱犬会追逐移动的物体，所以运动的玩具比你静止的胳膊和脚更能吸引它，除非你试图从它的牙齿间先开始活动四肢，这样会使啃咬变得更有趣。

另外你可以对着它尖叫"噢"，声音要高亢，好像狗叫一样。当和爱犬一起游戏时，它们极易变得粗暴。沉默表示服从，而高亢的声音表示痛苦。我们一般不能趴在地板上，肚皮朝上，脑袋向后，所以最好是像爱犬一样吠

在垃圾桶里觅食是爱犬自我奖赏的一种方式，因为它可以找到诱人的气味而且很可能找到一些食物。

叫。当爱犬吠叫时，用玩具诱导它一起玩耍。它咬你的目的其实就是想叫你一起游戏。根据你自己的规则进行游戏，你可以更好地控制爱犬的行为。最后，你便具有了发动该游戏的权力。

咀嚼

大多数幼犬会咀嚼所有的东西。在了解环境的同时，它们也在检验它们的味道。你要负责正确指导爱犬，要让爱犬拥有适合它的品种和体型的足够多的啃咬玩具。比如，大型犬不适合使用有声的橡胶玩具，因为这类玩具会很快被咬坏，甚至会被吃掉，从而引起消化系统疾病或造成内伤。可以进行一些小试验，检验一下可食

用的玩具是否会引起肠道不适。

优质的玩具包括由硬橡胶和硬尼龙做的各种形状和口味的玩具，还有灭菌厚胫骨。胫骨和某些橡胶玩具可以加入一些可食物质（例如花生酱），这可以让爱犬多玩一会。还有一些玩具，如"小块奖品"可以用来给小型犬作为奖品，当爱犬玩要时，小块奖品可以从玩具的洞孔里掉出来。这也可以多吸引一会爱犬的注意力，因为它们永远不会知道玩具什么时候会给奖品。磨牙啃咬玩具的小突起会在爱犬啃咬时与牙齿摩擦。有些爱犬喜欢内部有填充物的玩具。还有些爱犬喜

欢可以发出声音的玩具。当你给爱犬这后两种玩具时，一定不能让它把玩具撕开弄破，因为如果把玩具吃进去会对机体内脏和其他器官（眼睛、鼻子等）造成损伤。实际上，爱犬撕开柔软的和有声的玩具是不可避免的，所以只在你监督的情况下给它这种玩具，而一旦出现啃咬撕开的迹象就马上拿走。

为了保持爱犬对玩具的兴趣，你可以转换不同的玩具，这样它会认为它会经常得到新玩具。更新的玩具会让它的兴趣更长久一些。如果爱犬正在换牙期，给它有些冰冻的玩具，如

幼犬会喜欢柔软的玩具。

带有小突起的骨头有助于保持牙齿清洁。

冰块或将毛巾弄湿，拧成麻花状，然后冻起来。冰冻的玩具可以缓解牙龈疼痛，减少换牙的痛苦。

身边有足够多的玩具时，你可以很容易地训练啃咬桌子腿的爱犬去和玩具玩耍。这需要你经常观察它的行为，一般在最后会完全治好，因为它了解到你的家具不是它的玩具。而且，它会用积极的态度去学习。

你可以进一步通过利用刺激信号来鼓励爱犬和玩具玩耍。当爱犬接触玩具时，按响响片，表扬它并通过用它的玩具和它玩耍来奖励它。不必总是用食物作为奖品。有时玩具也是蛮不错的。

狂吠

吠叫是另外一种自我奖励行为，所以可以通过更有吸引力的事物或让它非常讨厌的事情来阻止这种行为。如果你对它咆哮大叫，只会给它增添乐趣，因为你加入了它的吠叫比赛。有些爱犬可以通过积极强化塑型方法改正这种令人讨厌的行为，而有些爱犬则在吠叫中寻到了极大的欢乐而无视你的奖品、玩具和你吸引它的动作。还有些爱犬当你在周围时很安静，而当你不在家的时候却吠叫不停。这一般是领土性的吠叫。这种爱犬认为将

陌生人杜绝在门外是它们的职责，哪怕只是松树或麻雀。入侵者无论大小和种类都是入侵者。

有些爱犬吠叫是因为孤独、焦虑。如果你在家时它很安静和放松，但邻居告诉你它自己在家时一直都在吠叫，你就基本可以确定它患有这种疾病。这种吠叫是最难治疗的。因为这种事情惩罚得越多，情况越糟糕。

需要花些时间来治疗狂吠。可以

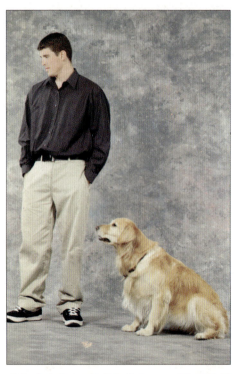

爱犬吠叫时，不要给它关注，否则你就是鼓励它为了吸引注意而吠叫。甚至不要进行眼神交流。

使用积极强化，你须要保持耐心而且小心仔细。最好利用小块食物颗粒，如果它不想吃日常的食物，你可以给它一些奖励的食品。在你开始前，抱着一袋它的食物、有声玩具和响片。用有声玩具作为干扰，响片可以用来作为强化手段，而食物可以奖励它的正确行为。

开始，将爱犬放在它平常会吠叫的地方。在它安静的时候，按响响片，表扬它并给予奖励。如果它吠叫，弄响这个有声玩具，直到它停止吠叫来调查声音来源时。当它这样做的时候，按响响片，表扬它并给予奖励。在训练中，不断重复该操作。每次都将爱犬放到这个地方，同时抱着你的工具。要保持一贯性和耐心。需要多花些时间来纠正这种自我奖赏行为。

最难的是，在你不在家的时候如何纠正爱犬的行为。为了继续使用积极强化措施，你不能让它在你无法强化它的反应时进入吠叫状态。如果这样做了，只会让你先前的一切努力付诸东流。如果你没有别的选择，那只能选择使用消极强化措施了。记得我前面说过我不喜欢使用这种方法吗？对，但在这种情况下，使用这种方法

会比较有效。

使用消极强化措施时常使用"禁吠"项圈。这种项圈有几种类型，可以选择适合爱犬的类型。再强调一次，在使用你不熟悉的工具时最好在专业人员指导下进行。消极措施利用疼痛或不适来纠正错误行为。如果使用方法不当，会对爱犬的身心造成伤害。项圈有香茅油项圈和电项圈。香茅油项圈可以在爱犬吠叫的时候释放香茅油，刺激爱犬的嗅觉。如果爱犬对香茅油敏感，这种项圈就可以纠正它的吠叫行为。如果它不敏感，可以选用其他敏感方法，比如电项圈。这种项圈也分好多种，一种是在爱犬吠叫时发出蜂鸣声，一种是在它吠叫时马上电击它，另一种是在爱犬吠叫 3~4 声后电击它。一般来说，电击型项圈可以根据爱犬的敏感程度调整电击力度。

这是我唯一一次讨论消极强化措施的用法，因为吠叫过度等问题会造成非常严重的后果。我曾经在爱犬收留所见过狂吠的犬，因为这种行为而被作了声带切除手术。这些极端的手段可以通过主人的辛勤照顾而避免。一个人必须思维开阔，行为仁道，以确保他的爱犬生活在博爱、体贴的家庭里，不会因为可以被纠正的行为而遭到遗弃。

偷窃行为

这与啃咬行为类似：爱犬会偷盗短袜和鞋子并把那些东西弄散、弄坏，并从中得到乐趣。一般来说，偷窃是种吸引注意力的方法。爱犬已经学会如果它偷走不需要的东西并将其带走，

通过用玩具和爱犬一起游戏，来选择合适的玩具。

应该关注并拍抚奖赏它的正确行为。

会发起一个非常好玩的游戏。有这么几种处理方法。其一是加入它的游戏，和它一起玩耍来奖励他。你也可以在它偷东西的时候对它视而不见，如它偷走洗好的衣服。一般来说，爱犬不会偷东西来啃咬，而是偷来之后发动一场追逐游戏。然而，如果爱犬是那种喜欢糟蹋"赃物"的犬，那么你应该尽快从它那里取回被偷去的东西。重新训练也没有用，因为偷窃带来的快乐足够引起这种行为。

所以，应该给爱犬带上牵引带。不要让它去你看不到它的地方。当它到处嗅闻寻找它不应该拥有的物品时，抓住牵引带，命令它来到你身边。表扬、奖励它，并试图用它的玩具来和它玩耍。最好给它一个多功能玩具，用来打发时间，例如里面塞了些奖品的方盒或中空的胫骨，或内装了某些奖品的橡胶玩具。这样，你可以重新指导它，让它明白玩它自己的玩具所获得的奖励比玩追逐游戏更多。

突然冲出门

爱犬可能会因为领地权而突然冲

一只愉快的爱犬会微笑，嘴巴张开，大口呼吸，并将耳朵向两侧拉伸。

出门，也许是为了热情的欢迎。应根据病因选择纠正方法，要观察爱犬的所有的行为来分析它冲出门的原因。为了领地权而发生这种行为的爱犬会吠叫、跳起，有时还会抓挠门。此外，这种爱犬会表露出统治性的肢体语言，例如耳朵向前支起，尾巴直挺，背毛竖起，而且身体僵硬。另一方面，热情欢迎的爱犬，会吠叫、跳起、摇尾巴，而且在门侧跑来跑去，全身扭动，耳朵下垂或向后，高兴地四处跳跃。

突然冲出门的行为还有另外一种类型。你知道的，在门一侧，爱犬趴卧的地方，草皮要更绿一些。那个逃跑者趴在那里等待机会呢。门铃响，你打开门，然后嗖的一声。爱犬冲了出去，先穿过邻居街坊，把紧张疲累的你甩在后面，它会在街道上欢快地奔跑或在森林里追逐发现的猎物，或是在脏兮兮的污水里洗个泥水澡，在度过了自己的甜蜜时光之后它终于回来了，走进屋内，满意地摇干自己的身体，当你愤怒得全身发抖的时候，又被泥巴弄得满身都脏兮兮的，这时辛苦地寻找它已经没有太大意义了，因为无论它出去多久时间，它都能找

"谁在那里？"当你回家或你朋友到你家时，有些爱犬会迫不及待地想成为"迎宾犬"。

到回家的路。

纠正这些问题的最好方法是形成一种积极的行为模式。开始时，要让爱犬停下，在门内坐下等待或卧下等待。在你没有命令它跟上的时候，不能让它从门口窜出去。通过重复训练，使它形成条件反射。改变等待的时间长度和随后下达的命令。例如，第一次，你可以用随行命令，命令它跟你出门。第二次，你可以用唤回命令，命令它跟你回屋。它必须明白，门开着并不意味着它就应该出去。当你短暂等待之后，尝试训练更长时间的等待。同时练习在它周围走动，藏在门后，或藏在墙外。也可以请其他人或其它爱犬在外面经过来进行干扰训练。

在训练过程中，当它在室内的时候，给它佩戴1.2~1.8米长的牵引带是个好办法。当它从门口冲出去的时候你可以抓住或踩住牵引带，从而阻止它逃跑。然后命令它坐下等待或卧下等待，并确保它能遵从命令。如果你正好拿着响片和奖励品，可以使用。如果没有，在它最喜欢的地方表扬它并拍抚它。要让它知道待在屋内比冲到外面获得的奖励更多。如果爱犬只是为了单纯的社交目的，你可以考虑另选一只爱犬。如果家里的草更绿，它也会喜欢待在那里。

在室内等待练习，对那些热情进行欢迎的爱犬比较有帮助。这样会教会它，如果它不控制自己，没有人会奖励它。你须要告诉那些进入你家里的所有人，在爱犬安定下来之前，不要触摸它，这样它不会因为奖励而跳个不停。在爱犬保持1分钟以上的安静后，你可以解开它的牵引带，并拍

让爱犬在穿越门口时，对坐和等待形成条件反射。它只有在你允许的情况下才可以走出大门。

抚它，但仍然要求它保持坐姿。当它兴奋时，停止拍抚。

治疗领地型的爱犬就有些困难了。为了训练它的行为，你可能需要做很多事情，同时还不能消除它作为看门犬的功能。首先你需要建立"安静"命令，如"够了"、"安静"、"嘘"等。当它遵从命令时，应该重重地奖励，虽然这需要花费很多时间。其次，你要重新训练和使用强化措施。可以使用铃铛或响环。当爱犬因干扰吠叫并开始探索铃声或响声的来源时，按响响片并给予奖励。如果爱犬对声音不感兴趣，你要通过拉住它的牵引带命令它保持安静，而且让它呈卧下等待姿势。让它保持卧下等待比保持坐下要好得多，因为卧下是一种服从的姿态，而且它从卧下姿态站起来比较困难。然而，如果你没有把握让它保持安静，例如没有项圈和牵引带，你要使用积极惩罚措施。可以用水喷，或释放香茅油，或者摇响噪音盒或抓紧它，将它的鼻子冲下，同时双眼盯着它的眼睛，用语言惩罚它——用低沉的声音说"不行"。这时最好使用头套。有时，使用牵引带在它鼻子上施加压力，比牢牢抓住它的嘴套来让它

保持静止更容易。

通过训练让爱犬一听到敲门声或门铃声就来到你身边。你可能想教它面对这些时如何控制自己。重复练习会形成条件反射。一旦你集中了爱犬的注意力，需要经常通过奖励它来进行强化。它将学会将注意力集中在你身上，并自我克制，它会发现这样做比忽视你而进行错误的行为能得到更多好处。你应该让你的篱笆旁边的草地最绿，这样爱犬会更喜欢待在那里。

扫荡厨柜

是的，这是另外一种自我奖励行为。这会让爱犬坚信它能扫荡厨房台面，也就是说跳起，然后将前爪在厨柜上搜索，偷走或吃掉它能找到的任何东西。扫荡厨柜总是能找到些奖品。刚开始训练时的最佳方法是，清理掉厨房里可食用的物品以及那些对爱犬具有吸引力的东西。必要的话，将厨房清理干净。没有诱惑，也就没有这样做的动力。

你只有在看到这种行为的时候才能改正这种错误行为。因此，不要让爱犬接近厨房和洗刷间。如果重新训

"这个是否和它的气味一样可口呢？"只有一个办法可以阻止厨房扫荡者，那就是移走那些诱惑物，阻止这种行为。

练和消极声音没有作用的话，可以一直给它佩戴牵引带，这样你就可以很快纠正它的这种行为。当你试图重新训练它或准备用物品吸引它的时候，不能再让它待在厨房或桌子旁边。这只会鼓励这种行为，因为它已经吸引了爱犬的注意力。

噪音盒一般可以阻止这种行为。用低沉的声音责备它，同时摇几下噪音盒，坚持重复做几次，这样就可以纠正这种行为了。一个驱赶垫也能起到这种作用。我曾经提到过这种装置可以在爱犬触碰它的时候发出电脉冲，使爱犬不舒服。这种刺激非常强，可以阻止这种错误行为。这种驱赶垫是一种消极强化措施，而且可以让爱犬躲避它。这种装置对猫也有效。

你可以使用防止爱犬冲出门外的类似工具。如果爱犬看上去对厨房很感兴趣，用一个有声玩具可以对它进行重新训练。当它看着你，而不是将前爪放在灶台上的时候，按响响片，表扬并给予奖励。因为灶台上没有什么奖品，它就会明白奖品只来自你一个人，从而它会始终跟着你而不是去厨房寻找食物。有阴影总比有阴暗的性格要好。

基本术语

让我们列出流行的积极训犬方法中使用的常见术语，这些术语常被那些为训犬方法作出贡献的训犬师们使用。积极训犬方法，简单地说，就是表扬爱犬的正确行为，就像告诉它"是的，好狗"一样简单，而且现在它像 A–B–C 一样容易。

A

主动服从（Active Submission）

爱犬躺卧，呈服从姿态，表示它放弃了领导权。它可能俯卧、仰卧和侧卧。它的尾巴下垂，慢慢摇动，而且它可能会舔舐嘴唇、眨眼睛和垂下耳朵。爱犬试图让自己看起来更小和没有威胁。

空中接力器（Alley–Oop）

这是一种由加里·威尔克斯设计的训练工具。底座为无棱圆盘，上面有一根约 0.3 米高的圆棍，圆棍上方为一圆球。无论将这种工具放在哪里，圆棍都会直立向上，可以用来作为远距离靶标。

开（Avoidance）

尽量避开某些事物。

B

诱导（Baiting）

将食物或玩具放在爱犬嘴边以吸引它的注意力。

行为（Behavior）

爱犬的所有动作都可以称为行为，比如坐、卧、向你走来、舔舌头、搜垃圾桶和跳跃起等动作。

行为链（Behavior Chain）

一组行为。例如：随行和坐下，卧下和等待，坐下等待然后过来。

行为塑造（Behavior Shaping）

在一个已知的行为基础上形成新的行为。例如，爱犬懂得如何坐下，你希望教它等待。当爱犬每次在同一地点坐下的时间延长，就会逐渐形成等待行为。

连接点 (Bridge)

爱犬对刺激做出反应和获得奖励之间的联系点。

连接信号 (Bridging Signal)

通过对已知行为的理解形成新的行为。例如，响片的声音、有声玩具或一些语调欢快的话语如"好"、"是"，表示马上就要得到奖励了。

C

捕获 (Capturing)

爱犬做出你所希望的行为时，对爱犬的行为进行相关连接。当了解连接信号代表奖励时，它就会尝试重复这种行为以获得更多奖励。

经典条件反射 (Classical Conditioning)

刺激会自发地引起不受控制的反应，例如，巴甫诺夫通过重复地在铃声之后给实验犬饲喂食物来刺激它们在听到铃声时流涎。

响片 (Clicker)

一个卵圆形或长方形的小盒子。长方形盒子上有一块金属，当按压它时，会发出响声。卵圆形的盒子上有一按钮，其下为一金属块，也可以发出类似的响声。

条件反射 (Conditioned Response)

通过特别的刺激形成的反应。

稳定性 (Consistency)

在任何条件下，都能多次重复某种相同的行为。

标准 (Criteria)

在获得奖赏之前，必须遵守的规则和条件。

D

远距离目标 (Distance Targeting)

将你希望爱犬去触摸的某物体放在远处。

干扰物 (Distraction)

任何可以将爱犬的注意力从你身上移开的事物。例如：玩具、食物、人、其他动物、交通车辆、嘈杂的声音。

优势 (Dominant)

统治者、头领、老大。

E

带电项圈/电刺激项圈/电项圈 (Electronic Collar/ Electronic Stimulation Collar/ E–Collar)

一种可以由爱犬的喉部振动和远距离控制装置激发引起不适感觉的项圈。

逃避 (Escape)

试图躲避某种刺激，如：当爱犬知道某种物体可以带来剧痛和焦虑时，它总会躲着那些物体。

消除/废止 (Extinction/ Extinguish)

消除某种行为。

F

固定时间间隔 (Fixed Interval)

在给予奖励之后要有固定长度的时间间隔。

固定频率 (Fixed Ratio)

在给予奖励之前，必须有一定量的正确反应。

强制训练 (Force–Trained)

爱犬被强拉或被强制训练，没有机会进行正确选择。

H

头套 (Head Halter)

带在爱犬头上的训练设备，如同马的缰绳（不是马笼头，因为没有嚼子）。该工具用于压迫鼻子顶端并绑定头部。身体随着头部保持安静，从而减少它拖拉的力量并用它能理解的方式很快教会它集中注意力。

I

本能/本能行为 (Instinctive/ Instinctual Behavior)

自然的本能行为。

L

学习反应 (Learned Response)

某特定刺激诱发的行为。例如：你命令它坐下，它会坐下。它已经学会了对你的命令作出反应。

引诱 (Luring)

用食物或玩具引导爱犬进入你希望它进入的状态或激发某种特定的行为。

M

动机 (Motivation)

某些特定情况下要求表演和做出某些行为的欲望。

N

消极惩罚 (Negative Punishment)

为了消除某种行为，将刺激物或奖品从爱犬那里拿走。例如：当爱犬向你扑过来时，你应当转身离去，而不作出任何反应让它得到满足感。

消极强化 (Negative Reinforcement)

移走消极刺激以鼓励某种行为。例如：当爱犬集中注意力后，应减轻头套给予爱犬鼻子的压力。

O

操作性条件反射(Operant Conditioning)

与奖励相关的信号（刺激），从而激发学习反应。

P

表扬 (Praise)

用高昂的、欢快的语调对爱犬说出一些奖励、表扬的话语。

积极惩罚（Positive Punishment）

惩罚爱犬的方法。例如：拖拉项圈，用水喷爱犬的脸

积极强化（Positive Reinforcement）

奖励爱犬的方法。例如，表扬、爱抚和奖励玩具。

积极反应（Positive Response）

爱犬的行为正确。

猎捕（Prey Drive）

为了猎捕食物、保护休息地和地盘而进行驱逐。犬类是捕食者，几乎都会有这种行为，例如，犬类会追逐松鼠。

初级惩罚工具（Primary Punishers）

训练工具。例如：扼喉项圈、带尖项圈、电项圈。

初级强化刺激（Primary Reinforcer）

接受者之前没有学习、接触过的奖励。

进程（Progressing）

继续进行新的行为训练。

带尖项圈（Prong Collar）

金属项圈，内侧带有尖尖的突起，带在爱犬的颈部。当用力拉时，尖头牵拉聚在一起，会夹住皮肤，这样会很痛。然而，正确使用时，对那些对温和的惩罚方法没有反应的爱犬而言，是种非常有效的训练工具。但是，这样的爱犬很少，而且彼此之间差别很大，因为大多数爱犬对正确的训练都反应良好。

惩罚（Punishment）

通过某种刺激或消除某种刺激来减少某种行为的发生。

R

随机间隔（Random Interval）

在训练行为之间有不同的时间间隔。

纠正（Redirecting）

将爱犬的注意力从某种错误行为上吸引到正确行为上。

强化刺激（Reinforcer）

所有对训练有益的事情。

退回（Regressing）

退回到爱犬能正确反应的一个或两个步骤。当训练停止时，可以采取这种方法，退回训练是为了维持良好的训练态度。

可靠性（Reliability）

在所有情况下，都可以完美和稳定地完成某种行为。

奖励（Reward）

爱犬喜欢的所有东西都可以作为奖励。如：食物、玩具、训练等。

唤回（Recall）

爱犬根据你的命令回到你的身边。

反应（Response）

对某种刺激产生相应动作。

S

时间表和强化措施 (Schedules of Reinforcement)

给予奖励的时间间隔，包括固定间隔、不定间隔、固定频率和不定频率。

次级惩罚 (Secondary Punisher)

开始时与初级惩罚手段一起使用的惩罚方法。如：用低沉的声音说出"不"。爱犬会学会避开初级惩罚，所以根据听到的次级惩罚来纠正它的错误行为。

次级消极惩罚 (Secondary Negative Punisher)

不要对爱犬做出任何反应，也不要给予任何奖励。这会引导爱犬在无法得到奖励时或在受到惩罚时停止某种行为。

次级强化刺激 (Secondary Reinforcer)

一些犬类需要学会喜欢的某些动作。如：可以被称为"好样的"、"是的"等动作。

自我鼓励行为 (Self–Rewarding Behavior)

任何你没有参与的、令爱犬高兴的事情。如：扫荡厨房、挖掘垃圾箱、跳起、突然冲出门口。

塑型 (Shaping)

培养某种良好的行为时，将行为分解成多个小的部分，逐步完成这些步骤，然后将其联系在一起，从而完成这种行为。

斯金纳盒 (Skinner Box)

通过激发某种特定的反应来教导小型动物（鼠、鸽子、小鸡）如何获得奖品的条件刺激工具。该盒子多为带有食物漏斗的金属盒，有按钮和杠杆，当轻按按钮和杠杆时可以使食物掉进漏斗里。

刺激 (Stimuli)

可以激发某种行为的事情，可以是目标物、诱饵、玩具或声音信号和视觉信号。

服从者 (Submissive)

犬类群体中的普通成员，而不是领头犬。它常对挑衅妥协。服从地位的犬试图让自己显得小一些。它蜷缩成一团或躺下，露出腹部，尾巴在两腿间夹着，眨着眼睛或望向别处。有些犬类还会出现服从性排尿。

连续接近法 (Successive Approximation)

逐渐接近标准的方法。

T

目标 (Targeting)

爱犬一直盯着某物体或根据命令走向它。

领土权 (Territorial)

对某特定领域或物体的统治权。

激发行为 (Throwing out a behavior)

进行某动作，一只已经学会如何获得奖励的爱犬会试图做出不同的行为以得到奖赏。例如，它坐下没有得到奖赏，就会躺下，如果还没有获得奖赏，就会打滚，从而获得奖赏。它会进行这三种行为以确认哪种有效。

触摸 (Touching)

一种积极强化方式，因为爱犬喜欢被人搔挠某些部位和被人爱抚。

V

奖励 (Value or Reward)

奖品对爱犬的重要性和意义。每只爱犬都有不同的爱好。有些将食物作为世上最好的奖品，其他一些不会渴求什么，而只希望得到自由。但是，大多数犬类不是用热狗、冻肝、奶酪、牛排进行饲喂的，所以它会为这些更美味的食物而努力训练。对某些犬类而言，食物根本不会引起它的兴趣，而爱抚具有更大的意义。

不定间隔 (Variable Interval)

在给予奖励之前，正确训练反应之间的时间和数量间隔。当给予奖励时，爱犬并没有得到人为控制。

不定频率 (Variable Ratio)

当在一系列特定刺激下爱犬作出更多正确的反应时给予其奖励的频率。

不定奖励 (Variable Reward)

根据爱犬的表现调整奖励的方式。

声音信号 (Verbal Cue)

利用声音指导训练爱犬和下达命令。

视觉信号 (Visual Cue)

利用肢体语言和手势（或身体其他部位）下达命令和进行指导。